U0227193

现代光伏器件物理

彭英才　赵新为　李晓苇　编著

科学出版社

北京

内 容 简 介

本书从器件物理的角度出发,系统介绍各类现代光伏器件的基本结构、工作原理与光伏性能。全书共 14 章,即绪论、太阳光的能量分布与太阳能的光伏转换、半导体中的光学现象、半导体中的载流子输运、单带隙 pn 结太阳电池、多结叠层太阳电池、Si 基薄膜太阳电池、$Cu(In、Ga)Se_2$薄膜太阳电池、染料敏化太阳电池、聚合物太阳电池、量子阱太阳电池、量子点中间带太阳电池、量子点多激子太阳电池以及其他类型的太阳电池。

本书可作为高等院校的光伏科学与技术、电子科学与技术、光电子技术以及微电子技术等相关专业本科生和研究生的教材,也可供相关专业的研究人员和工程技术人员参考与阅读。

图书在版编目(CIP)数据

现代光伏器件物理/彭英才,赵新为,李晓苇编著. —北京:科学出版社,2014

ISBN 978-7-03-042840-0

Ⅰ.①现… Ⅱ.①彭… ②赵… ③李… Ⅲ.①太阳能电池－物理学－研究 Ⅳ.①TM914.4

中国版本图书馆 CIP 数据核字(2014)第 301018 号

责任编辑:刘凤娟 / 责任校对:彭 涛
责任印制:徐晓晨 / 封面设计:耕者设计工作室

斜 学 出 版 社 出版
北京东黄城根北街 16 号
邮政编码:100717
http://www.sciencep.com

北京京华虎彩印刷有限公司 印刷
科学出版社总发行 各地书店经销

*

2015 年 1 月第 一 版 开本:720×1000 1/16
2017 年 1 月第三次印刷 印张:13 1/2
字数:253 000
定价:78.00 元
(如有印装质量问题,我社负责调换)

前　　言

进入 21 世纪以来,随着半导体技术、光电子技术与纳米技术的快速和深入发展,作为能源科学技术的一个重要分支,现代光伏技术正在迅速崛起。其主要标志是,第一代的传统晶体太阳电池已经产业化和商业化,第二代的低成本薄膜太阳电池转换效率也在不断提高,第三代的高效率新概念太阳电池正在研究与开发之中。

迄今,国内外已相继出版了一些有关太阳能光伏技术方面的书籍,但是其内容都侧重于技术与应用。而从器件物理的角度出发,系统介绍各类太阳电池的工作原理与光伏性能的专著和教材尚不多见。随着现代光伏技术的迅速发展,许多高等院校相继设置了光伏科学与技术专业,或已经开设了这方面的相关专业课程。但是据我们所知,目前还没有适宜的本科生和研究生教材出版。

本书作者多年来一直从事光电子技术和光伏技术领域的研究与教学工作。与此同时,近年又为我校相关专业的研究生和本科生讲授太阳能光伏技术与光伏器件物理课程。本书就是作者在多年的研究积累与教学实践的基础上撰写的。在本书的编写过程中,作者力求做到内容深度适中,物理图像清晰,理论分析准确和文字表达规范。

全书共由 14 章构成。第 1 章从转换效率角度出发,概括三代光伏器件的发展历程;第 2 章简要介绍太阳光的能量分布与太阳能的光伏转换;第 3～4 章是光伏器件的物理基础,以适当篇幅介绍半导体中的光学现象和载流子输运过程;第 5～6 章是本书的重点,主要分析与讨论无机固态单带隙 pn 结太阳电池和多结叠层太阳电池的光伏原理、转换效率以及各种能量损失机制;第 7～8 章以 Si 基薄膜和 $Cu(In、Ga)Se_2$ 薄膜为主,介绍薄膜太阳电池的工作原理与光伏性能;第 9～10 章侧重介绍两种光电化学太阳电池的器件结构与光伏特性,即染料敏化太阳电池与聚合物太阳电池;第 11～13 章尝试性地介绍目前正在发展的量子结构太阳电池,即量子阱太阳电池、量子点中间带太阳电池与量子点多激子太阳电池。最后,第 14 章概括介绍几种其他类型的太阳电池。

由于作者水平有限,加之时间仓促,书中不妥之处在所难免,恳请广大读者批评与指正。

编著者

2014 年 5 月

目　　录

第1章 绪 论

1947 年,美国贝尔实验室的肖克莱等三位科学家共同发明了晶体管,由此开创了半导体科学技术发展的新纪元。1954 年,同是美国贝尔实验室的皮尔森等另外三位科学家,又一起研制成功了世界上首例 Si 单晶 pn 结太阳电池,从而开辟了现代光伏技术发展的新时代。如果说晶体管的发明起源于建立在量子力学基础之上的固体能带理论,那么太阳电池的研制成功则得益于半导体物理的 pn 结原理;如果说晶体管的发明为当代半导体和微电子技术的发展作出了杰出贡献,那么太阳电池的诞生为现代新能源技术的发展立下了汗马功劳。

迄今为止,现代光伏技术的发展已经走过了 60 年的辉煌历程。为了使读者对各类太阳电池光伏原理的科学内涵有一个更清晰的了解,本章首先对太阳电池的发展历史作一简单回顾。

1.1 无机固态 pn 结太阳电池

何谓无机固态 pn 结太阳电池?简言之,就是以单晶或多晶半导体为光伏材料和以 pn 结为光吸收有源区而制作的光伏器件。这类太阳电池主要包括单晶 Si 太阳电池、多晶 Si 太阳电池与化合物 GaAs 太阳电池。Si 和 GaAs 是制作各种微电子器件和集成电路的首选材料。除此之外,由于 Si 和 GaAs 的禁带宽度恰好处于太阳光谱的最佳能量吸收范围,因此也是性能优异的光伏材料。尤其是单晶 Si 和多晶 Si 太阳电池,由于它们的转换效率较高和制作工艺成熟,因而在当今光伏产业的发展中占据着主导地位,图 1.1(a)示出了 Si 单晶 pn 结太阳电池的结构与能带形式。当太阳电池吸收光能后,少数载流子将扩散到结区,并在强内建电场作用下扫过 pn 结,最后被电极所收集。一个 GaAs 单晶 pn 结太阳电池的结构与能带形式如图 1.1(b)所示,该太阳电池的结构特点是在其顶部设置一个 p 型 GaAlAs 层,实际上这是一个宽带隙的窗口层。它具有两个方面的作用:一是由于自身带隙较宽,因而可以更多地吸收光能;二是该 GaAlAs 层能够有效抑制少数载流子电子从 p-GaAs 发射区输运到表面后与空穴发生复合,由此可以提高太阳电池的转换效率。

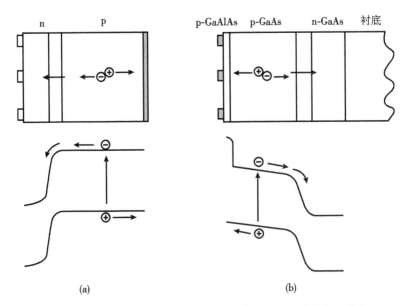

图 1.1　单晶 Si(a)和单晶 GaAs(b)pn 结太阳电池的结构与能带

1.1.1　晶体 Si 太阳电池

晶体 Si 太阳电池是采用单晶 Si 和多晶 Si 材料制作的光伏器件。20 世纪 60 年代,在空间能源需求的大力推动下,单晶 Si 太阳电池的效率提高很快。在短短的 4 年时间内,就从最初的 6％提高到了 15％。进入 20 世纪 70 年代,为了进一步改善太阳电池的光伏性能,人们开始了优化电池结构的研究,使太阳电池的效率提高到了 17％以上。这些技术措施主要包括:采用浅结扩散以减少蓝光的表面损失,采用铝背场以增强光生载流子的收集效率,采用表面陷光结构以减少入射光在太阳电池表面的光反射损失[1]。

进入 20 世纪 90 年代以后,人们又在优化电池结构的基础上进一步采用新的器件制作技术,并使二者有机地结合起来,通过有效减少太阳电池中的各种载流子复合损失,使其光伏性能得到了大幅度改善。例如,澳大利亚新南威尔士大学(UNSW)的研究小组利用高性能的热氧化层钝化 Si 片表面,有效降低了表面载流子的复合速率,使单晶 Si 太阳电池的效率提高到了 20％以上。尤其值得一提的是,该小组利用统筹优化的电池结构与合理组合的工艺技术,成功制作了效率高达 24.7％的单晶 Si 太阳电池[2]。可以相信,随着材料生长技术的不断改进和器件结构的优化组合,单晶 Si 太阳电池的效率仍有一定的提升空间。

在 20 世纪 90 年代以前,单晶 Si 太阳电池一直是晶体 Si 太阳电池的主流发展方向。然而,它的制作成本相对较高,与常规电力相比缺乏足够的竞争力。因此,如何降低生产成本便成为晶体 Si 太阳电池所面临的一个巨大挑战。恰逢此时,铸造多晶

Si 的成功为多晶 Si 太阳电池提供了一个很好的发展机遇。随着铸造技术的不断改进,材料质量的进一步提高和应用范围的逐渐扩大,多晶 Si 太阳电池的效率也在不断提高。1995 年,实验室水平的多晶 Si 太阳电池效率已达到了 18.6%。1998 年,UNSW 小组的研究人员采用蜂窝状绒面结构,使多晶 Si 太阳电池的效率达到了 19.80%。在实际生产中,铸造多晶 Si 太阳电池的效率已达到了 17.7%,此值接近直拉单晶 Si 太阳电池的转换效率[3]。

1.1.2 单晶 GaAs 太阳电池

与 Si 材料相比,属于Ⅲ-Ⅴ族化合物的 GaAs 有着以下几个显著特点:①GaAs 具有直接带隙结构,因而光吸收系数较大,尤其是在光子能量超过其禁带宽度之后,吸收系数急剧上升到 $10^4 cm^{-1}$ 以上;②GaAs 的禁带宽度为 1.42eV,处于光伏材料所要求的最佳光谱能量吸收区域,因此它比单晶 Si 太阳电池具有更高的转换效率;③GaAs 具有良好的抗辐照性能,适合于制作空间用太阳电池;④GaAs 太阳电池的温度系数较小,这使它能在更高的环境温度下进行工作[4]。

GaAs 太阳电池的研究起步于 20 世纪 60 年代。液相外延(LPE)技术的成功,为 GaAs 太阳电池的制作奠定了稳固的技术基础。其后,具有单原子级平滑程度的金属有机化学气相沉积(MOCVD)技术的开发,又为高质量 GaAs 材料的生长提供了重要技术保障。1999 年,中国科学院半导体研究所的研究人员,采用 MOCVD 工艺制作的 GaAs 太阳电池,其效率高达 21.95%。由 MOCVD 工艺生长的面积为 3m² 的 GaAs/Ge 太阳电池的效率也达到了 18.8%。2003 年,Ortiz 等[5]采用 LPE 工艺制作的 GaAs 太阳电池,在 AM1.5 光谱的 2000~4000sun 聚光条件下,其转换效率达到了 25.8%。

多结叠层太阳电池是Ⅲ-Ⅴ族化合物太阳电池研究的一个重要侧面。1988 年,Chung 等[6]采用 MOCVD 工艺生长了 AlGaAs/GaAs 双结太阳电池,其 AM0 和 AM1.5 效率分别达到了 23.3% 和 23.9%。1994 年,Bertness 等[7]制作了 $Ga_{0.5}In_{0.5}P$/GaAs 双结太阳电池,其 AM1.5 效率高达 29.5%。1997 年,Takamoto 等[8]报道了更好的结果,他们所制作的面积为 4cm² 的 InGaP/GaAs 双结太阳电池,AM1.5 效率为 30.28%。就三结太阳电池而言,GaInP/GaAs/Ge 叠层太阳电池颇具发展潜力,2009 年其转换效率已达到了 41.6%。而在 2010 年,人们又开发成功了 GaInP/GaAs/GaInNAs 叠层太阳电池,在 400~600sun 条件下的效率可高达 43.5%。

1.2 有机光电化学太阳电池

如上所述,无机固态 pn 结太阳电池是以 pn 结为光吸收有源区而制作的光伏器件。但是,不单是 pn 结才会产生光伏效应。研究指出,只要有光载流子的产生,并能够有效地被外电路所收集,便可以形成光电流和光电压。例如,有机光电化学太阳电池就是基于有机分子在光照射下由其内部产生的激子,经解离、转移、输运和收集而实现能量转换的光伏器件。这类太阳电池主要包括染料敏化太阳电池和有机聚合物太阳电池,图 1.2(a)和(b)分别示出了以上两种太阳电池的结构和能带形式。在这些太阳电池中,入射光由分子吸收后,将电子从基态转移到激发态上,这种激发过程类似于半导体中的电子从价带到导带的激发。其后,电子再移动到一个电子受主态,而基态的空位由一个电子施主进行填充。在染料敏化太阳电池中,电子施主是具有还原作用的电解质,而电子受主则是 TiO$_2$ 光阳极的导带。在聚合物太阳电池中,电子施主和电子受主都是有机分子材料。

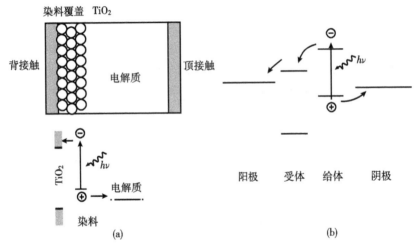

图1.2　染料敏化太阳电池(a)和聚合物太阳电池(b)的结构形式与电子激发过程

1.2.1　染料敏化太阳电池

染料敏化太阳电池的研究最早起因于光诱导下有机染料与半导体间的电荷转移反应。由于染料敏化半导体在光照条件下可以产生光电流响应,从而为光电化学太阳电池的研制打下了重要理论基础。20 世纪七八十年代,虽然人们进行了各种有益尝试,试图通过有机染料敏化宽带隙半导体以增强能量转换效率,但没有取得预期效果。1991 年,瑞士洛桑高等工业学院的 Grätzel 教授采用纳米多孔 TiO$_2$ 膜作为光阳极和有机溶剂作为液态电解质制作了染料敏化太阳电池,使其效率获得了大幅度提高,从而引起了国际光伏界的广泛关注[9]。其后,人们围绕着如何选取和制作性能良好的电解质、染料敏化剂、光阳极和对电极,展开了一系列富有成效的尝试性研究,使转换效率提高到了 11% 以上。2005 年,Nazeeruddin 等[10]采用有机溶剂液态电解质制作了染料敏化太阳电池,其效率达到了 11.18%。2006 年,Chiba 等[11]也采用具有较高电导率和对纳米多孔膜具有良好浸润性和渗透性的红色染料和黑色染料制作了染料敏化太阳电池,其效率也达到了 11.1%。中国科学院长春应用化学研究所的研究人员在新型染料和离子液态电解质研究方面取得新突破,他们以自主研发染料 C101 实现的太阳电池效率达到了 11%,离子液态电解质太阳电池效率达到了 8.2%。

1.2.2 聚合物太阳电池

聚合物太阳电池是近十余年内发展起来的另一种新型光电化学太阳电池。由于它具有制作方法简单、重量轻、成本低和适宜柔性制作等特点,引起了人们的热情关注。更为重要的是,利用分子设计与合成新型半导体聚合物或有机分子,可以十分方便地调控器件性能,这是固态 pn 结太阳电池所不具备的优势。2002 年,Brabec 等在器件的 Al 电极与光敏活性层中间蒸镀了一层 LiF 修饰层,使所制作的聚合物太阳电池转换效率达到了 2.5%。2004 年,该小组采用 P3HT 给体和 PCBM 受体共混体系制作的聚合物太阳电池,其模拟太阳光下的效率达到了 3.85%。2007 年,Kim 等制作了叠层聚合物光伏器件,将其效率提高到了 6.0%。2009 年,Park 等[12]采用由 PCDTB/PCBM 共聚物制作的异质结太阳电池,使其转换效率达到了 6.1%。美国加州大学洛杉矶分校的研究人员在聚合物太阳电池研究方面有了新的突破,他们所制作的反型聚合物太阳电池的转换效率已达到了 10.6%。关于聚合物太阳电池的详细评论参看文献[13]、[14]。

但是应该看到,聚合物太阳电池的发展仍面临着诸多困难。例如,许多聚合物材料的光谱吸收波长与太阳光地面的辐照光谱不匹配,载流子迁移率不高,电极的载流子收集效率还相对较低。由此看来,实现产业化和商业化的聚合物太阳电池,尚需作更多的尝试与探索。

1.3 低成本薄膜太阳电池

发展薄膜太阳电池的初衷是降低太阳电池的制作成本。因为如果能在廉价的衬底(如玻璃、不锈钢或塑料薄膜)上制作出层厚仅有几微米的薄膜太阳电池,其价格将会大幅度降低,这当然是人们所期盼的。但是,目前各类薄膜太阳电池的转换效率还不够高,因此如何在降低生产成本的前提下,尽可能提高其转换效率,则是发展薄膜太阳电池的另一个主要目标(因为高效率和低成本永远是发展现代光伏器件的一个主旋律)。薄膜太阳电池主要包括 Si 基薄膜太阳电池、$Cu(In、Ga)Se_2$(CIGS)薄膜太阳电池和 CdTe 薄膜太阳电池。图 1.3(a)、(b)和(c)分别示出氢化非晶 $Si(\alpha\text{-}Si:H)$、$Cu(In、Ga)Se_2$ 和 CdTe 三种薄膜太阳电池的结构与能带形式。典型的 $\alpha\text{-}Si:H$ 单结薄膜太阳电池是一个 p-i-n 结构,它与 Si 单晶 pn 结太阳电池所不同的是,在 p 型和 n 型 $\alpha\text{-}Si:H$ 薄膜之间设置了一个具有一定宽度的本征(i)层,由它充当电池的光吸收有源区。在本征层中形成的强内建电场,可以有效分离由光照产生的电子与空穴,从而可以提高太阳电池的转换效率。对于后两种薄膜太阳电池,其窗口层都由宽带隙的 CdS 材料所担任,它可以让更多的入射光被 Cu(In、Ga)Se$_2$ 和 CdTe 有源区所吸收,而顶层电极则由透明导电氧化物所充当。

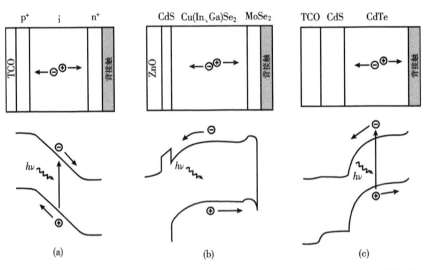

图 1.3　p-i-n 结构(a)、Cu(In、Ga)Se$_2$(b) 和 CdTe(c) 薄膜太阳电池的结构与能带形式

1.3.1　Si 基薄膜太阳电池

Si 基薄膜太阳电池是目前薄膜太阳电池发展的主流,主要有 α-Si:H 薄膜太阳电池、氢化微晶 Si(μc-Si:H) 薄膜太阳电池以及由它们合理组合而制作的叠层太阳电池。在过去的 30 多年中,α-Si:H 薄膜太阳电池已被人们广为研究。虽然其转换效率不断提高,但由于其自身所存在的光致衰退效应,时至今日仍困扰着它的快速发展。目前,产业化的 α-Si:H 薄膜太阳电池效率仍徘徊在 7%～9%。为了摆脱 α-Si:H 太阳电池的这一困境,需要从提高薄膜质量入手。在长期的实践中人们认识到,如果在 α-Si:H 膜层中嵌入具有一定晶态成分的小晶粒,使之形成 μc-Si:H 薄膜,可以使其电子迁移率、暗电导率和光吸收系数得以明显增加,由此使光伏特性得到改善。1997 年,日本 Kaneka 公司在玻璃衬底上生长了厚度为 2μm 的 μc-Si:H 薄膜,以此制作的太阳电池效率达到了 10%。2000 年,Vetter 等[15]采用超高频等离子体化学气相沉积(VHF-PECVD)工艺生长了高质量的 μc-Si:H 薄膜,并制作了 α-Si:H/μc-Si:H 双结太阳电池,实现了 12% 的转换效率。2005 年,Saito 等[16]在不锈钢衬底上制作了面积为 801.6cm^2 的 α-Si:H/μc-Si:H/μc-Si:H 三结太阳电池,效率达到了 13.1%。2008 年,Lien 等[17]采用热丝化学气相沉积工艺,在低达 200℃ 的衬底温度下所制作的 μc-Si:H/c-Si 异质结太阳电池,其效率高达 15.1%。

1.3.2 Cu(In、Ga)Se$_2$薄膜太阳电池

Cu(In、Ga)Se$_2$薄膜太阳电池是在 CuInSe$_2$薄膜太阳电池的基础上发展起来的。它是将多晶 CuInSe$_2$半导体薄膜中的 In 元素部分由 Ga 所取代,并以此为光吸收有源区而制作的四元系薄膜太阳电池。Cu(In、Ga)Se$_2$薄膜太阳电池自 20 世纪 70 年代出现以来,已经获得了迅速发展。目前,已成为国际光伏界的研究热点,并将逐步实现产业化。Cu(In、Ga)Se$_2$薄膜太阳电池具有以下几个特点:①它属于直接带隙结构材料,其禁带宽度在 1.04~1.67eV 范围内连续可调,可见光吸收系数高达 10^{5}cm^{-1},因此适合于太阳电池的薄膜化;②工艺制作技术成熟,其成本和能量偿还时间将远低于晶体 Si 太阳电池;③抗辐射能力强,作为空间能源应用很有竞争力;④具有较高的转换效率。

在 20 世纪七八十年代,人们主要研究 CuInSe$_2$薄膜太阳电池,其效率达到了 11% 以上。后来人们逐渐发现,如果在多晶的 CuInSe$_2$中掺入适量的 Ga 元素以形成 Cu(In、Ga)Se$_2$四元合金,既可以增加材料的禁带宽度,又可以使之与太阳光谱的能量范围更加匹配,从而有利于光伏特性的改善。1991 年,Rockett 等[18]首次制作了 Cu(In$_{0.7}$、Ga$_{0.3}$)Se$_2$/CdZnS 结构太阳电池,使其效率达到了 12.9%。1994 年,美国国家再生能源实验室采用三步共蒸发工艺制作了效率高达 15.9% 的 Cu(In、Ga)Se$_2$薄膜太阳电池。2003 年,Rumanathan 等[19]制作了 ZnO/CdS/Cu(In、Ga)Se$_2$结构太阳电池,其转换效率达到了 19.2%。二十多年来,Cu(In、Ga)Se$_2$薄膜太阳电池已同 Si 基薄膜太阳电池一起都获得了重要进展。它的今后发展方向则是大面积化、组件化和叠层化,即向着高效率和产业化的方向迈进。

1.3.3 CdTe 薄膜太阳电池

CdTe 是一种典型的 Ⅱ-Ⅵ 族化合物半导体材料,其禁带宽度为 1.5eV,处于太阳光谱的最佳能量吸收范围。其能带结构为直接跃迁型,因此具有较大的光吸收系数,而且采用这种材料制作太阳电池特别适合薄膜化。由于 CdTe 薄膜太阳电池具有转换效率高和制作成本低的特点,近年来其产量急速上升,一跃成为光伏舞台上的重要角色。

目前,采用近距离升华方法制作的 CdTe 薄膜太阳电池,转换效率已超过了 16.5%,开路电压为 0.845V。但与具有同等禁带宽度的 GaAs 太阳电池所能达到的 1V 以上的开路电压相比,尚有一定差距。为了进一步提高开路电压,需要改善 CdS 窗口层与 CdTe 光吸收层的质量,以有效抑制光生载流子的复合。此外,实现 CdTe 层的低电阻化,并改善与背电极的接触而减小串联电阻,都有利于大幅度增强其光伏性能[20]。

1.4　高效率新概念太阳电池

　　新概念太阳电池是为了突破目前光伏技术的发展瓶颈而提出的具有超高转换效率的光伏器件。简言之,这是一种运用新思路设计,利用新材料构建和采用新技术制作的高效率、低成本、长寿命、高可靠性和无毒性的第三代太阳电池,是一种近乎理想的"环保、绿色和高效"现代光伏器件。这些新概念太阳电池主要包括多结叠层太阳电池、量子阱太阳电池、纳米结构太阳电池、量子点中间带太阳电池、量子点多激子太阳电池、热载流子太阳电池以及表面等离子增强太阳电池。关于这些内容,文献[21]已作了详细分析与讨论。下面,仅对基于能量上转换的量子点中间带太阳电池和基于能量下转换的量子点多激子太阳电池进行简单介绍。图 1.4(a)和(b)分别示出了量子点中间带太阳电池的能带形式和量子点中的多激子产生过程。

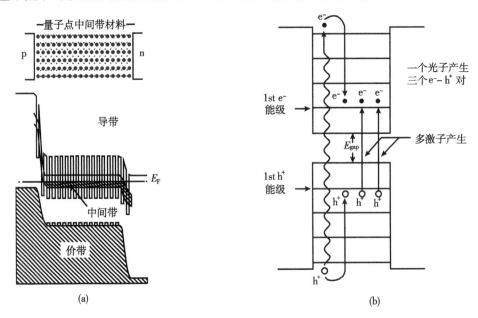

图 1.4　量子点中间带太阳电池的能带形式(a)和量子点中的多激子产生过程(b)

1.4.1　量子点中间带太阳电池

　　开发新概念太阳电池的原动力,是由于各种单结太阳电池只能吸收某一波长的太阳光,而其他大部分波长的光子能量因得不到利用而被白白浪费掉了。尤其是地面上有 50% 的红外辐射光,均无法使光伏材料得到有效利用,量子点中间带太阳电池正是基于这种考虑所提出的。人们设想,如果在材料的禁带中引入另一个中间带,也就是说再设置一个所谓的"能量台阶",原来不能被吸收的低能光子有可能被价电子吸收而跃迁到中间带,然后它再吸收另一个低能光子从中间带跃迁到导带中去以实现多光子吸收。在这种情形下,太阳电池的光电流是由价带-导带、价带-中间带和中间带-导带三种跃迁途径形成的光电流之和,无疑这可以大大提高太阳电池的转换效率。量子点中间带太阳电池就是将具有相对较窄带隙能量的量子点阵列结构,嵌入某种宽带隙的基质材料中制作的太阳电池,其理论转换效率可高达 60% 以上[22]。

目前,量子点中间带太阳电池的研究十分活跃。尽管实际转换效率与理论预测值还相差较大,但近年的研究仍取得了可喜进展。Laghumavarapu 等[23]以 GaP 为应变补偿层和 InAs 量子点阵列作为中间带制作了 InAs/GaAs 中间带太阳电池,获得了 10.8% 的转换效率。日本东京大学的 Okada 等[24]以 GaNAs 为应变补偿层制作了 InAs/GaAs 量子点中间带太阳电池,获得了 10.9% 的转换效率。Marti 等[25]实验研究了具有 10 层 InAs 量子点的 InAs/GaAs 中间带太阳电池的光伏特性,其转换效率达到了 12.6%。

1.4.2 量子点多激子太阳电池

量子点多激子太阳电池主要是基于如何有效利用太阳光谱的高端光子能量而提出的。我们知道,在通常的各种光伏器件中一个入射光子只能激发产生一个电子-空穴对,即量子产额总是小于 1 的。于是人们设想,能否利用某种物理方法或技术途径,有效减少因光生载流子的热弛豫而造成的高端光子能量损失,从而大大改善太阳电池的光伏性能。由此人们提出,如果将由高能量光子激发到远离导带底的热电子,在其回落到导带底之前通过碰撞电离以产生两个或者更多的电子-空穴对,从而对太阳电池的光生电流产生贡献,其转换效率将大幅度增加[26]。

迄今的理论和实验研究业已证实,在 PbSe、Si 和 CdSe 等量子点或纳米晶粒中,已经观测到了明显的多激子产生效应。尤其是属于 Ⅳ-Ⅵ 族的 PbSe 量子点,由于其独特的电子结构性质,更适合于量子点多激子太阳电池的设计与制作。例如,2008年 Kim 等[27]试制了由 PbSe 纳米晶粒与 P3HT/PCBM 聚合物构成的串联太阳电池,获得了 3.3% 的转换效率。Choi 等[28]利用 ITO/ZnO/nc-PbSe/Al 结构制作了太阳电池,AM1.5 效率为 3.4%。Ma 等[29]利用尺寸为 1~3nm 的超小 PbSe 纳米晶粒制作了量子点多激子太阳电池,最高转换效率可达 4.57%。Wang 等[30]采用梯度复合层制作了串联 PbS 量子点太阳电池,其转换效率达到了 4.2%。虽然这些转换效率还很低,但多激子太阳电池的研究已迈出了坚实的第一步。有理由相信,随着纳米晶粒自组装技术的日渐成熟和多激子产生效应研究的不断深化,量子点多激子太阳电池的研究将会取得长足进展。

参 考 文 献

[1] 彭英才,于威,等. 纳米太阳电池技术. 北京:化学工业出版社,2010

[2] Zhao J, Green M A. Optimized antireflection coating for high efficiency silicon solar cells. IEEE Trans. Electron Devices, 1991, 38:1925

[3] 何杰, 夏建白. 半导体科学与技术. 北京: 科学出版社, 2007

[4] 熊绍珍, 朱美芳. 太阳能电池基础与应用. 北京: 科学出版社, 2009

[5] Ortiz E, Algora C. A high-efficiency LPE GaAs solar cell at concentrantions ranging from 2000 to 4000suns. Prog. Photovolt: Res. Appl. , 2003, 11:155

[6] Chung B C, Virshup G F. High-efficiency, one-sun(22. 3% at air mass 0; 23. 9% at air mass 1. 5)monolithic two-junction cascade solar cell grown by metalorganic vapor phase epitaxy. Appl. Phys. Lett. , 1988, 52:1889

[7] Bertness K A, Kurtz S R, Friedman D J, et al. 29. 5%-efficient GaInP/GaAs tandem solar cells. Appl. Phys. Lett. , 1994, 65:989

[8] Takamoto T, Ikeda E, Kurita H, et al. Over 30% efficient InGaP/GaAs tandem solar cells. Appl. Phys. Lett. , 1997, 70:381

[9] Oregan B, Grätzel M A. Low-cost, high-efficiency solar-cell based on dye-sensitized colloidal TiO_2 films. Nature, 1991, 353:737

[10] Nazeeruddin M K, Angelis F D, Fantacci S, et al. Combined experimental and DFT-TDDFT computational study of photoelectrochemical cell ruthenium sensitizers. J. Am. Chem. Soc. , 2005, 127:16835

[11] Chiba Y, Islam A, Watanabe Y, et al. Dye-sensitized solar cells with conversion efficiency of 11. 1%. Jpn. J. Appl. Phys. , 2006, 45:L638

[12] Park S H, Roy A, Beaupre S, et al. Bulk heterojunction solar cells with internal quantum efficiency approaching 100%. Nature Photonics, 2009, 3:297

[13] Po R, Maggini M, Camaioni N. Polymer solar cells: Recent approaches and achievements. J. Phys. Chem. C,2010, 114:695

[14] Li G, Zhu R, Yong Y. Polymer solar cells. Nature Photonics, 2012, 6:153

[15] Vetter O, Finger F, Carias R, et al. Intrinsic microcrystalline silicon: A new material for photovoltaics. Sol. Energy Mater. Sol. Cells, 2000, 86:56

[16] Saito K, Sano M, Okabe S, et al. Microcrystalline silicon solar cells fabricated by VHF plasma CVD method. Sol. Energy Mater. Sol. Cells, 2005, 86:56

[17] Lien S Y, Wu D S, Wu B R, et al. Hot-wire CVD deposited n-type μc-Si films for μc-Si/c-Si heterojunction solar cell applications. Thin Solid Films, 2008, 516:765

[18] Rockett A, birkmire R W. $CuInSe_2$ for photovoltaic applications. J. Appl. Phys. , 1991, 70: R81

[19] Ramanathan K, Contreras M A, Perkins C L, et al. Properties of 19. 2% efficiency ZnO/CdS/ $CuInGaSe_2$ thin-film solar cells. Prog. Photovolt: Res. Appl. , 2003, 11:225

[20] McEvoy A. 实用光伏手册: 原理与应用(上)(英文影印本). 北京: 科学出版社, 2013

[21] 彭英才, 傅广生. 新概念太阳电池. 北京: 科学出版社, 2014

[22] 彭英才，王峰，江子荣，等.量子点中间带太阳电池的构建与实现.微纳电子技术，2012，49：353

[23] Laghumavarapu R B，EI-Emawy M，Nuntawong N，et al. Improved device performance of InAs/GaAs quantum dot solar cells with GaP strain compensation layers. Appl. Phys. Lett. ，2007，91：243115

[24] Okada Y，Morioka T，Yoshida K，et al. Increase in photocurrent by optical transition via intermediate quantum sates in direct-doped InAs/GaNAs strain-compensated quantum dot solar cell. J. Appl. Phys. ，2011，109：024301

[25] Marti A，Lopez N，Antolin E，et al. Emitter degradation in quantum dot intermediate band solar cells. Appl. Phys. Lett. ，2009，90：233510

[26] 彭英才，傅广生.量子点太阳电池的探索.材料研究学报，2009，23：449

[27] Kim S J，Kim W J，Cartwright A N，et al. Carrier multiplication in a PbSe nanocrystal and P3HT/PCBM tandem cell. Appl. Phys. Lett. ，2008，92：191107

[28] Choi J，Lim Y F，Oh M，et al. PbSe nanocrystal excitonic solar cells. Nano Lett. ，2009，9：3749

[29] Ma W，Swisher S L，Ewers T，et al. Photovoltaic performance of ultrasmall PbSe quantum dots. ACS Nano. ，2011，5：8140

[30] Wang X，Koleilat G I，Tang J，et al. Tandem colloidal quantum dot solar cells employing a graded recombination layer. Nature Photonics，2011，5：480

第2章　太阳光的能量分布与太阳能的光伏转换

太阳能是来自于太阳内部被核聚变蕴藏,并能向外辐射的能量。据估计,太阳向宇宙全方位辐射的总能量流为 4×10^{26} J/s。其中,向地球输送的光和热可达 2.5×10^{18} cal/min(1cal=4.1868J),相当于燃烧 4×10^8 t煤所产生的能量。一年中,从太阳辐射到地球表面的总能量,相当于人类现有各种能源在同期所提供能量的上万倍。

可以说,太阳能是地球和大气能量的源泉,太阳能的光伏转换便源自于此。在讨论太阳能光伏器件物理之前,本章首先简要介绍太阳光的能量分布与太阳能光伏转换的细致平衡等问题。

2.1　太阳光的能量分布

2.1.1　太阳光的吸收峰

在太阳光谱中存在着一系列的吸收峰,如图 2.1 所示[1]。当太阳光辐射透过大气层时,将有一部分光被大气层所吸收和散射,因此到达地球表面的太阳辐射被减弱。波长短于 300nm 的光谱被氧气(O_2)、臭氧(O_3)和氮气(N_2)去除,而水蒸气(H_2O)和二氧化碳(CO_2)主要吸收红外光谱。H_2O 的吸收峰出现在 900nm、1100nm、1400nm 和 1900nm,而 CO_2 的吸收峰出现在 1800nm 和 2600nm。

太阳辐射在大气层中的衰减,可以用大气质量(AM)进行描述。常用的大气质量为 AM1.5,其中 1.5 是大气质量系数。太阳电池光伏参数的标准测试条件定义如下:

(1)大气质量为 AM1.5;

(2)太阳光辐射强度为 1000W/m²;

(3)环境温度为(25±1)℃。

太阳电池标准的测试条件为 AM1.5,对应的地面-太阳仰角 $\theta=41.8°$,到达地面的辐照强度为 900W/m²。为了方便起见,对 AM1.5 进行归一化后,太阳光辐照强度为 100mW/cm²。AM0 是指地球大气层外接收的太阳光谱,AM1 表示太阳光谱辐射从垂直于地面方向入射的光谱,地面-太阳仰角 $\theta=90°$,AM2 对应的地面-太阳仰角

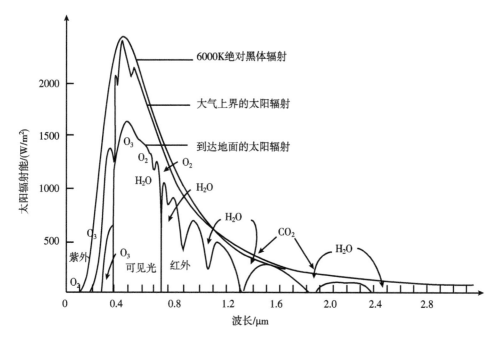

图 2.1　太阳光的能量分布与吸收峰

$\theta = 29.9°$。

　　大气层会使约 15% 的太阳光成为散射光,在高纬度地区和阴雨天气较多的地区,散射光的比例更高。散射光谱不是以平行光束到达地面的,而是从各个角度到达,难以通过折射或聚焦控制,因而不利于太阳电池的发电。粗糙的表面比平整的表面更适合吸收散射光,因此在晶体 Si 太阳电池中通常进行表面织构,这将有利于提高其转换效率。

2.1.2　太阳光的辐射强度

　　转换效率是太阳电池的最主要光伏参数,它可以由下式表示[2]

$$\eta = \frac{P_{\max}}{E_{\text{tot}} A} \times 100\% \tag{2.1}$$

式中,$P_{\max}$ 为测量得到的最大输出功率,A 为太阳电池的面积,E_{tot} 为总的太阳光辐射强度。由式(2.1)可以看到,太阳电池的转换效率与光辐照强度直接相关。

　　一般而言,太阳光辐射可以分为三种辐射强度,即 6000K 的黑体辐射,辐射强度分别为 136.6mW/cm^2 和 100mW/cm^2 的 AM0 和 AM1.5 辐射。值得注意的是,AM1.5 的实际辐射强度为 96.3mW/cm^2,图 2.2 示出了太阳光的入射光功率随波长的变化。

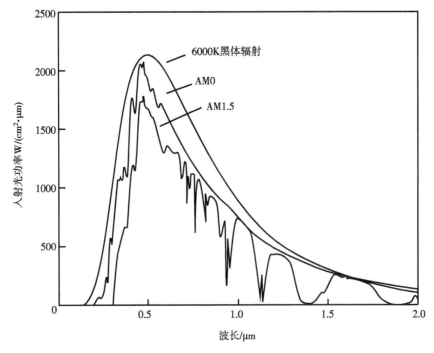

图 2.2　太阳光的辐射光功率随波长的变化关系

2.1.3　太阳光谱的能量分布

太阳光谱的能量分布可以根据黑体辐射定理进行确定。黑体辐射的光谱能量密度是辐射电磁波频率 ν 的函数,由普朗克辐射定理可以得到辐射能量密度为[3]

$$u(T) = \int_0^\infty u_\nu(\nu, T)\mathrm{d}\nu \tag{2.2}$$

式中

$$u_\nu(\nu, T)\mathrm{d}\nu = \frac{8\pi h}{c^3} \cdot \frac{\nu^3}{\exp[h\nu/(kT)] - 1}\mathrm{d}\nu \tag{2.3}$$

其中,h 为普朗克常量,c 为真空中的光速。

利用光在空间中传播的能量密度,可以得出黑体辐射的功率密度

$$E(T) = \frac{c}{4}u(T) = \frac{c}{4}\int_0^\infty u_\nu(\nu, T)\mathrm{d}\nu \tag{2.4}$$

与此相对应,辐射到地球上的辐射功率由太阳表面温度的黑体光谱分布得出

$$P_s = \pi r_d^2 \left(\frac{r_s}{r_{se}}\right) \cdot \frac{c}{4}\int_0^\infty u_\nu(\nu, T_s)\mathrm{d}\nu \tag{2.5}$$

式中,T_s 为太阳表面的温度,r_d 为地球半径,r_s 为太阳半径,r_{se} 为太阳与地球之间的距离。

在实际应用中,也可以将式(2.3)改为对辐射电磁波波长的微分形式,即

$$u_\lambda(\lambda,T)\mathrm{d}\lambda = \frac{8\pi c}{\lambda^5} \cdot \frac{1}{\exp[h\nu/(kT)]-1}\mathrm{d}\lambda \tag{2.6}$$

式(2.3)和式(2.6)都可以用来表示光谱分布的总能量

$$u(T) = \int_0^\infty u_\lambda(\lambda,T)\mathrm{d}\lambda = \int_0^\infty u_\nu(\nu,T)\mathrm{d}\nu \tag{2.7}$$

图 2.3 示出了光谱能量密度与辐射波长的关系。

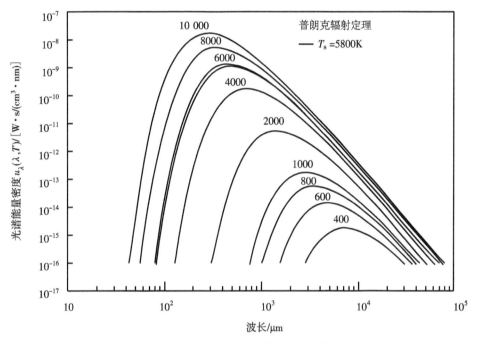

图 2.3　以辐射波长为微分量的光谱能量密度等温变化曲线

2.1.4　太阳电池的光谱响应

太阳电池的光谱响应可以用来检测不同波长的光子能量对短路电流的贡献,它被定义为从单一波长的入射光所获得的短路电流,并对最大电流进行归一化处理。如同光子收集效率可分为外收集效率和内收集效率一样,光谱响应也可分为外光谱响应和内光谱响应。其中,外光谱响应可定义为

$$(SR)_{\text{ext}} = \frac{I_{\text{sc}}(\lambda)}{qA\phi(\lambda)} \tag{2.8}$$

式中,$I_{\text{sc}}(\lambda)$为太阳电池的短路电流,q 为电子电荷,A 为太阳电池面积,$\phi(\lambda)$为入射光子流密度。内光谱响应则被定义为

$$(SR)_{\text{int}} = \frac{I_{\text{sc}}(\lambda)}{qA(1-s)[1-r(\lambda)]\phi(\lambda)[e^{-\alpha(\lambda)W_{\text{opt}}}-1]} \tag{2.9}$$

式中,s 为线遮光系数,$r(\lambda)$为光反射率,$\alpha(\lambda)$为光吸收系数,W_{opt}为太阳电池的光学厚度。

2.2　太阳能的光伏转换与细致平衡原理

2.2.1　太阳能的光伏转换

太阳能的光伏转换是指将太阳光的能量转化为半导体太阳电池的导带化学势 μ_C 和价带化学势 μ_V。导带化学势相当于电子准费米能级,即 $\mu_C = E_{FC}$。而价带化学势相当于空穴准费米能级,即 $\mu_V = E_{FV}$,如图 2.4 所示[4]。在光照条件下,太阳电池吸收光子能量,电子从低能量的价带顶跃迁到高能量的导带底。为了使光生电子有足够的时间被外电极所吸收,要求光生电子维持在导带底的时间应足够长。

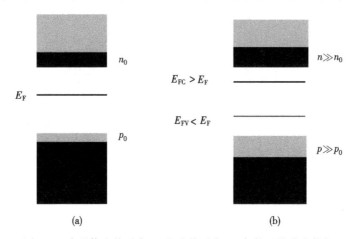

图 2.4　半导体在热平衡(a)和准热平衡(b)条件下的费米能级

对于一个二能级系统,化学势增量可用吉布斯自由能表示,即

$$G = n\Delta\mu \tag{2.10}$$

式中,n 为光生电子数,而 $\Delta\mu$ 为导带化学势与价带化学势的差,即

$$\Delta\mu = \mu_C - \mu_V = E_{FC} - E_{FV} \tag{2.11}$$

由于化学势差 $\Delta\mu$ 依赖于太阳电池吸收的光子能量 $E(h\nu)$,因此它也被称为辐射化学势。在没有入射光照的热平衡状态,化学势差 $\Delta\mu = 0$。如果初始的价带顶完全被电子填满,初始的导带底完全空缺,此时将光子能量转换为化学势 μ_C 和 μ_V 最有效。当光生电子和空穴分别被正、负电极收集后,会形成光生电压 V_{ph},并满足下式

$$qV_{ph} = \Delta\mu = \mu_C - \mu_V = E_{FC} - E_{FV} \tag{2.12}$$

由于太阳能的光伏转换只能利用比半导体禁带宽度大的光子能量,这些光子能量增加了化学势差 $\Delta\mu$,而增加的内能不多。实际上,太阳电池的内能增加和温度升高,将会降低其转换效率。所以,太阳电池的设计应充分考虑其散热功能,需要和太阳电池温度有很好的热接触。

2.2.2　细致平衡原理

利用细致平衡原理可以理论描述太阳电池的光伏过程,它可以在热平衡条件下和非热平衡条件下进行讨论。所谓热平衡状态是指没有温差、光照、电场和磁场等外界影响的状态,此时半导体的所有特性均与时间无关。而非热平衡状态是指半导体受到外界影响的状态,如光照、外加电场和磁场以及温度变化等。

光伏器件的一个基本物理限制条件来自细致平衡原理。太阳电池在吸收太阳光辐射能量的同时,也向周围环境进行自发辐射,它同样也会向外面发射红外光子。细致平衡原理要求在热平衡状态下,太阳电池受到光照吸收的光子数应与太阳电池自发辐射的光子数一样多。下面,从热平衡状态和非平衡状态两种情形对太阳能光伏转换的细致平衡问题进行讨论。

1. 热平衡状态下的细致平衡

在热平衡条件下,太阳电池与环境辐射处于热平衡状态,标准测试条件的环境温度为 25℃。在这一温度下,太阳电池和环境辐射都会发射出以红外波段为主的电磁波,由此达到细致平衡的要求。假定环境辐射也是一种黑体辐射,则环境光子通量为

$$\beta_a(E, T_a) = \frac{2}{h^3 c^2} \frac{E^2}{\exp(E/kT_a) - 1} \tag{2.13}$$

式中,T_a 为环境温度,h 为普朗克常量,E 为光子能量。

如果将式(2.13)对太阳光辐射的立体角进行积分,可以得到太阳电池垂直接收到的环境光子通量,即

$$b_a(E, T_a) = \frac{2F_a}{h^3 c^2} \frac{E^2}{\exp(E/kT_a) - 1} \tag{2.14}$$

式中,F_a 为环境几何因子。

如果太阳电池从周围环境吸收的每一个光子都能转换成电子,则受激光谱吸收电流为

$$J_{abs}(E) = q[1 - R(E)]a(E)b_a(E, T) \tag{2.15}$$

式中,$R(E)$ 为反射系数,$a(E)$ 为太阳电池吸收光子能量 E 的概率。

若太阳电池与环境辐射处于热平衡状态,其温度 T 与环境温度 T_a 相等。此时,除了太阳电池的受激吸收,还有太阳电池的自发辐射。这样,自发辐射光电流为

$$J_e(E) = q[1 - R(E)]\varepsilon(E)b_a(E, T) \tag{2.16}$$

式中,$\varepsilon(E)$ 为太阳电池自发辐射发出能量为 E 的光子的概率。

由以上的讨论可知,在热平衡状态下的受激吸收光电流与自发辐射光电流相等,于是可以得到细致平衡原理的表达式

$$a(E) = \varepsilon(E) \tag{2.17}$$

根据细致平衡原理,在热平衡状态电子从基态跃迁到激发态的概率,与电子从激

发态弛豫到基态的概率相等。

2. 非平衡状态下的细致平衡

在太阳光照射下,太阳电池接收到的光子通量为

$$b_s(E, T_s) = \frac{2F_s}{h^3 c^2} \frac{E^2}{\exp(E/kT_s) - 1} \tag{2.18}$$

太阳辐射和环境辐射使太阳电池产生光吸收,其光电流为

$$J_{abs}(E) = q[1 - R(E)]a(E)[b_s(E, T_s) + b_a(E, T_a)] \tag{2.19}$$

根据黑体辐射的普朗克定律,光照下太阳电池自发辐射的光子角通量为

$$\beta_e(E, \Delta\mu, T_a) = \frac{2n_s^2}{h^3 c^2} \frac{E^2}{\exp[(E - \Delta\mu)/kT_a] - 1} \tag{2.20}$$

式中,n_s 为半导体的折射率,$\Delta\mu$ 为化学势差。对自发辐射的光子角通量进行积分,可以得到光照下的自发辐射光子通量

$$b_e(E, \Delta\mu, T_a) = \frac{2n_s^2 F_e}{h^3 c^2} \frac{E^2}{\exp[(E - \Delta\mu)/kT_a] - 1} \tag{2.21}$$

式中,F_e 为自发辐射几何因子。因此,光照下自发辐射的光电流为

$$J_e(E) = q[1 - R(E)]\varepsilon(E)b_e(E, \Delta\mu, T_a) \tag{2.22}$$

如果细致平衡原理成立,则有

$$a(E) = \varepsilon(E) \tag{2.23}$$

$$\Delta\mu = 0 \tag{2.24}$$

于是,光照下的净光电流为式(2.19)与式(2.22)之差,即

$$J_{net}(E) = J_{abs}(E) - J_e(E)$$
$$= q[1 - R(E)]a(E)[b_s(E, T_s) + b_a(E, T_a) - b_e(E, \Delta\mu, T_a)] \tag{2.25}$$

如果用收集效率描述载流子被外电极所收集的概率,则光电流 J_{ph} 可由下式表示

$$J_{ph} = q \int_0^\infty \eta_c(E)[1 - R(E)]a(E)b_s(E, T_s)dE \tag{2.26}$$

式中,$\eta_c(E)$ 为载流子的收集效率。一般而言,所有能量 $E > E_g$ 的光子都可以使电子从价带顶跃迁到导带底,以实现本征吸收。但是,如果一个光子只能激发一个电子,则吸收率满足

$$a(E) = \begin{cases} 1, & E > E_g \\ 0, & E < E_g \end{cases} \tag{2.27}$$

如果载流子得到完全分离,没有发生自发辐射的载流电子都可以被电极收集进入外电路,则收集效率满足

$$\eta_c(E) = 1 \tag{2.28}$$

由此可知,光生电流依赖于材料的禁带宽度 E_g 和太阳光谱的能量 E,E_g 越小光生电流值越大。

参 考 文 献

［1］熊绍珍，朱美芳.太阳能电池基础与应用.北京:科学出版社，2009

［2］Luque A，Hegedus S，等.光伏技术与工程手册. 王文静，李海玲，周春兰，等,译.北京：机械工业出版社，2011

［3］Wagemann H G，Eschrich H.太阳能光伏技术.叶开恒,译.西安：西安交通大学出版社，2011

［4］Nelson N.太阳能电池物理.高扬,译.上海：上海交通大学出版社，2011

第3章 半导体中的光学现象

半导体中的光学现象是指在光照射条件下,发生在半导体表面和体内的光与半导体之间相互作用的各种光学过程,如光吸收、光发射、光电导、光反射、光透射与光散射等。就光吸收而言,半导体中存在着多种吸收过程,如能带之间的本征吸收、子带之间的吸收、同一带内的自由载流子吸收、激子吸收、杂质吸收以及晶格振动吸收等,这些过程从不同角度反映了电子或声子的不同跃迁机制。

本章将主要讨论与太阳电池相关的基本吸收过程,即电子从价带跃迁到导带的本征吸收。发生本征吸收的必要条件是光子能量必须大于或者等于半导体的禁带宽度。除了光吸收之外,半导体表面的光反射和光俘获过程,也对太阳电池的光伏特性有着十分重要的影响,本章将用适当篇幅进行介绍。

3.1 半导体中的光吸收

当具有确定波长的光入射到半导体中时,由于光与其中的电子、激子、晶格振动、杂质以及缺陷的相互作用,会产生光的吸收现象。在各种吸收中,本征吸收是一种最主要的吸收过程,它是太阳电池产生光伏效应的前提条件。

3.1.1 本征吸收

如上所述,本征吸收是指电子吸收光子能量后从价带跃迁到导带的过程。很显然,只有当光子能量大于或等于半导体的禁带宽度,即

$$h\nu \geqslant E_g \tag{3.1}$$

时才可能产生本征吸收现象。这就说明,在本征吸收光谱中存在一个长波限,波长大于此长波限时则不能产生本征吸收。因此,与长波限所对应的波长应满足下式

$$\lambda = \frac{ch}{E_g} \tag{3.2}$$

式中,h 为普朗克常量,c 为真空中的光速。

固体物理指出,电子从价带到导带的跃迁必须遵从一定的选择定则。如果波矢为 k 的电子吸收光子后跃迁到波矢为 k' 的状态,那么 k 和 k' 必须满足准动量守恒关系式[1]

$$hk' - hk = 光子动量 \tag{3.3}$$

式中,$h = h/(2\pi)$。由于光子的动量为 h/λ,与能带中电子的动量相比是很小的,所以

式(3.3)可以近似写成

$$k' = k \tag{3.4}$$

描述半导体光吸收能力强弱或大小的物理量是光吸收系数 α。通过对半导体的反射率、透射率以及厚度的测量,可以得到半导体的光吸收系数。根据光在半导体中进行多次反射和透射的叠加原理,在不考虑干涉的条件下,透射率 T、反射率 R 与吸收系数 α 三者之间的关系可由下式表示

$$T = \frac{(1-R)^2 \exp(-\alpha d)}{1-R^2 \exp(-2\alpha d)} \tag{3.5}$$

式中,d 为半导体层的厚度。当光反射较弱,而光吸收较强时,上式可简化为

$$T = (1-R)^2 \exp(-\alpha d) \tag{3.6}$$

由此得到

$$\alpha = \frac{1}{d} \ln \left[\frac{(1-R)^2}{T} \right] \tag{3.7}$$

式(3.7)的物理意义是很明显的,即随着半导体层厚度的增加,光吸收系数会线性减小。而随着半导体材料反射率的减小,光吸收系数会显著增加,这对改善太阳电池的光伏性能十分有利。换句话说,为了提高太阳电池的转换效率,应尽量降低太阳电池表面的光反射。

3.1.2　直接带隙半导体的光吸收

在 GaAs、GaInP、CdTe 和 Cu(In、Ga)Se$_2$ 等直接带隙半导体中,由光吸收导致的电子跃迁过程必须保证能量守恒与动量守恒,图 3.1 示出了直接带隙半导体的光子吸收过程[2]。每个在价带中的能量为 E_1 和动量为 P_1 的电子初态都与在导带中的能量为 E_2 和动量为 P_2 的末态相关联。由于电子的动量是守恒的,所以末态的动量与初态的动量相同,即有 $P_1 = P_2 = P$。

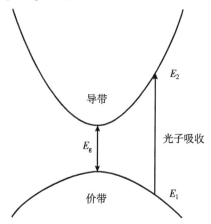

图 3.1　直接带隙半导体的光子吸收过程

能量守恒表明,吸收的光子能量为

$$h\nu = E_2 - E_1 \tag{3.8}$$

假设半导体具有抛物线状能带,则有

$$E_V - E_1 = \frac{P^2}{2m_h^*} \tag{3.9}$$

$$E_2 - E_C = \frac{P^2}{2m_e^*} \tag{3.10}$$

以上二式中,m_e^* 和 m_h^* 分别为电子与空穴的有效质量。将以上三式结合起来,可以得到

$$h\nu - E_g = \frac{P^2}{2}\left(\frac{1}{m_e^*} + \frac{1}{m_h^*}\right) \tag{3.11}$$

其直接跃迁系数为

$$\alpha(h\nu) \approx A^*(h\nu - E_g)^{1/2} \tag{3.12}$$

式中,A^* 是与材料性质有关的参量。在某些半导体材料中,选择跃迁定则不允许 $P=0$ 处的跃迁存在,但允许 $P \neq 0$ 处的跃迁发生。在这种情形中则有

$$\alpha(h\nu) \approx \frac{B^*}{h\nu}(h\nu - E_g)^{3/2} \tag{3.13}$$

式中,B^* 同样是与材料性质相关的常数。

3.1.3　间接带隙半导体的光吸收

在 Si 和 Ge 这类间接带隙半导体中,由于导带底不位于布里渊区中心($k=0$)处,因此电子的动量守恒必须要求光子吸收过程要有声子的参与,图 3.2 示出了间接带隙半导体的光子吸收过程。声子辅助光吸收要么是吸收声子,要么是发射声子。当吸收声子时,吸收系数为

$$\alpha_a(h\nu) = \frac{A(h\nu - E_g + E_{ph})^2}{e^{E_{ph}/kT} - 1} \tag{3.14}$$

式中,E_{ph} 为声子的能量。当发射声子时,吸收系数为

$$\alpha_e(h\nu) = \frac{A(h\nu - E_g - E_{ph})}{1 - e^{E_{ph}/kT}} \tag{3.15}$$

由于以上两个过程都可能发生,因此有

$$\alpha(h\nu) = \alpha_a(h\nu) + \alpha_e(h\nu) \tag{3.16}$$

由于间接吸收过程同时需要声子和电子才能发生,故吸收系数不但依赖于填满的电子初态密度和空的电子末态密度,而且依赖于具有所需要动量的声子。因此,与直接跃迁相比,间接跃迁的吸收系数相对较小。这意味着,光在间接带隙半导体中比在直接带隙半导体中穿透的距离要深。无论是在直接带隙半导体中,还是在间接带隙半导体中,尽管上述跃迁机制是主要的,但都包含了很多的其他光子吸收过程。例如,

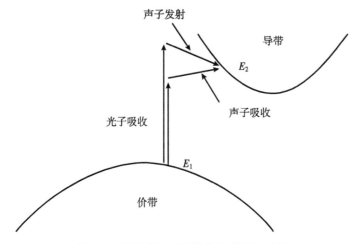

图 3.2　间接带隙半导体的光子吸收过程

当光子能量足够高时,没有声子辅助的直接跃迁在间接带隙半导体中也可能发生。此外,其他吸收机制,如电场作用下的吸收,禁带中的局域态吸收,以及发生在导带和价带的简并效应等也将起到一定的作用。这样,半导体的光吸收系数就是所有吸收系数的总和,即有

$$\alpha(h\nu) = \sum_i \alpha_i(h\nu) \tag{3.17}$$

3.1.4　几种主要半导体材料的光吸收

1. Si、Ge 与 GaAs 单晶材料

Si 与 Ge 都是单元素的间接带隙半导体,GaAs 是二元系的直接带隙半导体,图 3.3(a)和(b)示出了以上三种半导体材料的本征吸收光谱[3]。由该图可以看到以下几个明显特点:①各吸收谱线都有一个与禁带宽度 E_g 相对应的能量阈值。当光子能量小于 E_g 时,吸收系数很快下降,形成本征吸收边;当光子能量大于 E_g 时,吸收系数快速上升,而后渐趋平缓。②值得注意的是,当光子能量再进一步增加时,Si 与 Ge 的光吸收呈现出一个明显的拐点,吸收系数又有一个快速的上升。研究指出,这种在较高光子能量处光吸收的快速上升,反映了电子从间接跃迁向直接跃迁的转变。③由图 3.3(b)还可以看出,Si 的吸收系数小于 GaAs 的吸收系数,这是由于间接带隙 Si 的跃迁概率比直接带隙 GaAs 的跃迁概率小很多的缘故。但是,当光子能量大于 3.4eV 时,Si 的直接跃迁发生,吸收系数又有一个明显的上升,直至与 GaAs 的吸收系数相当。④由图 3.3(a)所示的 Ge 的光吸收特性可以看到,半导体的光吸收谱是与温度直接相关的,这是由于禁带宽度与温度之间具有如下关系,即

$$E_g(T) = E_g(0) + \beta T \tag{3.18}$$

式中,β 是温度系数,为一负值。当温度为 0K 时,Si 与 GaAs 的 E_g 分别为 1.17eV 和

1.519eV,而在室温下二者的禁带宽度分别为 1.12eV 和 1.42eV。当温度升高时,禁带宽度减小,吸收光谱发生红移,这一现象从 Ge 的吸收光谱可以十分清楚地看到。

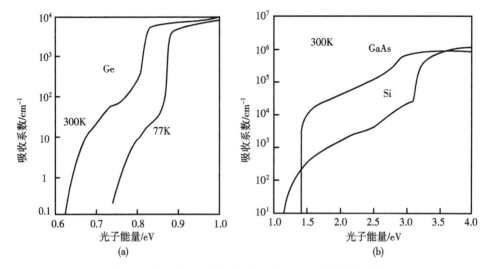

图 3.3　单晶 Ge(a)和单晶 Si 与 GaAs(b)的光吸收系数

2. α-Si∶H、μc-Si∶H 与 c-Si 薄膜材料

以 α-Si∶H 和 μc-Si∶H 为主的薄膜材料在 Si 基薄膜太阳电池中发挥着重要作用,图 3.4 示出了 α-Si∶H、μc-Si∶H 和 c-Si 三种薄膜材料的光吸收系数与入射光子能量的关系[4]。由图可以看出,当光子能量低于 1.5eV 时,α-Si∶H 的光吸收系数较小。当光子能量超过 1.5eV 后,光吸收系数急速上升。尤其是当光子能量大于 2.0eV 之后,其吸收系数将大于 μc-Si∶H 和 c-Si。μc-Si∶H 作为一种微晶粒镶嵌于 α-Si∶H 基

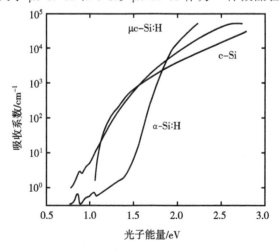

图 3.4　α-Si∶H、μc-Si∶H 和 c-Si 三种薄膜材料的光吸收系数

质中的两相结构材料,其光吸收特性密切依赖于结构参数。从图中易于看出,μc-Si:H 具有良好的长波吸收,与 c-Si 相接近。而且在 1.0eV 附近还略高于 c-Si,这是因为 μc-Si:H 中的内应力使光学跃迁选择定则放宽的缘故。而在光子能量高于 1.7eV 的范围,μc-Si:H 的光吸收系数明显高于 c-Si,这是由于 μc-Si:H 中非晶相的存在所导致。

3. $CuInSe_2$、CdTe 与 CdS 化合物材料

$CuInSe_2$ 是一种直接带隙材料,其禁带宽度在 1.04～1.67eV 范围内连续可调。$CuInSe_2$ 具有良好的光吸收特性,其可见光吸收系数高达 $10^5\,cm^{-1}$,非常适合于太阳电池的薄膜化,并具有较高的能量转换效率;CdTe 也是一种直接带隙材料,其禁带宽度大约为 1.5eV。在所有的 Ⅱ-Ⅵ 族化合物半导体材料中,CdTe 具有十分独特的物理性质,它具有最大的平均原子序数、最小的形成焓、最低的熔点、最大的晶格常数和最高的离子性。由图 3.5 可以看到,当光子能量大于 1.6eV 后,CdTe 的吸收系数陡峭上升,因此适合于制作薄膜太阳电池;CdS 是一种具有直接带隙性质的宽带隙半导体,其禁带宽度为 2.5eV,所以在蓝光波段有较好的光吸收特性。由 CdS 与 CdTe 相结合制作的 CdTe/CdS 异质结太阳电池,其转换效率可高达 18%～20%[5]。

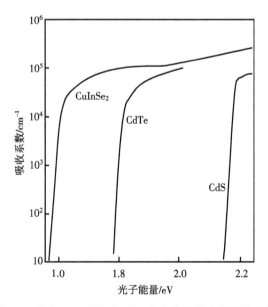

图 3.5　$CuInSe_2$、CdTe 和 CdS 化合物材料的光吸收系数

3.1.5　叠层太阳电池中的自由载流子吸收

导带或价带中的载流子在吸收光子能量后会跃迁到导带或价带更高的空能态上去,这种发生在同一带内的光吸收现象被称为自由载流子吸收,图 3.6(a)和(b)分别

示出了导带和价带中的自由载流子吸收过程。一般来说,这种光吸收只有在光子能量与半导体材料的禁带宽度大体相当时才会显著,因为自由载流子的吸收系数随波长的增加而变大,且有

$$\alpha_{\mathrm{fc}} \propto \lambda^{\gamma} \qquad\qquad (3.19)$$

式中,$1.5 < \gamma < 3.5$。在单结太阳电池中,自由载流子吸收不会影响电子-空穴对的产生,因此可以被忽略。然而,自由载流子吸收过程在叠层太阳电池中是需要考虑的[6]。因为在这种太阳电池中,带隙较宽的太阳电池位于带隙较窄的太阳电池上面,能量较低而不能被顶电池吸收的光子会透射到底电池中,并在那里被吸收。这意味着,由于在叠层太阳电池中会发生一定数量的自由载流子吸收,穿透到下一个太阳电池中的光子数量会减少,因而将影响太阳电池的光伏性能。

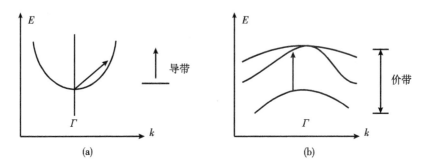

图 3.6　半导体导带(a)和价带(b)中的自由载流子吸收过程

3.2　半导体表面的光反射

　　当光入射到半导体表面时,将产生光吸收、光反射和光透射。由于光在表面的反射,会使透入表面的光子数少于入射光子数,反射光的百分比取决于光的入射角度和材料的折射率。对于 Si 材料,反射光约占 30%。为了提高太阳电池的转换效率,必须尽可能地减少光反射。为此,人们提出了几个技术方案,借以改善太阳电池的光伏性能。例如,对表面进行织构,生长减反射膜,沉积透明导电层和制作光子晶体等。

3.2.1　绒面结构

　　一般地,人们将利用表面织构方法获得的半导体表面称为"绒面"。所谓表面织构,通常是利用碱性溶液的各向异性腐蚀,使半导体表面形成具有金字塔式的造型。这种结构可以使照射到半导体表面的光进行多次反射,从而使光得到重复利用,以此提高太阳电池的转换效率,图 3.7(a)是在织构的 Si(100)表面上发生的两次光反射现象示意图。由于光在 A 面和 B 面两次光反射的发生,增加了光在半导体内部的有

效光程,也就是说增加了入射光被吸收的机会,从而减少了反射。图 3.7(b)示出了具有绒面结构 Si 片表面的反射率随波长的变化,可以看出在 400～800nm 波长范围内,其反射率低达 15％以下[6]。

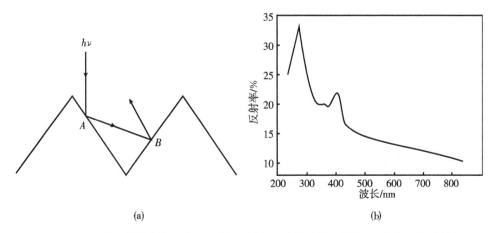

图 3.7　Si(100)绒面结构中的两次光反射示意图(a)和具有绒面结构 Si 片表面的反射率(b)

3.2.2　减反射覆盖层

增加光吸收的另一项重要措施是减反射膜的采用。当半导体表面覆盖有一定厚度 d_1 的减反射膜后,其反射率为[7]

$$R = \frac{r_1^2 + r_2^2 + 2r_1r_2\cos2\theta}{1 + r_1^2 r_2^2 + 2r_1r_2\cos2\theta} \tag{3.20}$$

式中

$$r_1 = \frac{n_0 - n_1}{n_0 + n_1}, \qquad r_2 = \frac{n_1 - n_2}{n_1 + n_2} \tag{3.21}$$

其中,n_0、n_1 和 n_2 分别为空气、减反射膜和半导体的折射率。θ 则由下式给出

$$\theta = \frac{2\pi n_1 d_1}{\lambda_0} \tag{3.22}$$

当 $n_1 d_1 = \lambda_0/4$ 时,反射率 R 具有最小值,即

$$R_{\min} = \left(\frac{n_1^2 - n_0 n_2}{n_1^2 + n_0 n_2}\right)^2 \tag{3.23}$$

图 3.8 示出了没有覆盖减反射膜与分别覆盖有折射率为 1.0 和 2.3 减反射膜时 Si 片表面的反射率与光波长的关系[8]。可以看出,当有 $n=1.9$ 的减反射膜覆盖时,在 600nm 波长处产生最小的反射,其值可接近于零。表 3.1 给出了制作单层或多层减反射膜所用材料的折射率值。

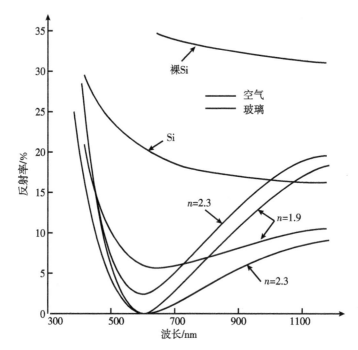

图 3.8　Si 表面的反射率随波长的变化关系

表 3.1　制备减反射膜所用材料的折射率

材料	折射率	材料	折射率
MgF$_2$	1.3~1.4	Si$_3$N$_4$	~1.9
SiO$_2$	1.4~1.5	TiO$_2$	~2.3
Al$_2$O$_3$	1.8~1.9	Ta$_2$O$_5$	2.1~2.3
SiO	1.8~1.9	ZnS	2.3~2.4

3.2.3　透明导电层

　　透明导电层的利用对提高太阳电池的转换效率也至关重要,对它的基本要求是应具有高的光透射率和高的电导率。对于 Si 基薄膜太阳电池,还要求透明导电薄膜具有同入射光波长相比拟的绒面结构,以实现对入射光的有效光散射,图 3.9(a)和(b)分别示出了具有绒面电极的 n-i-p 和 p-i-n 的太阳电池剖面结构。最具有代表性的透明导电薄膜有 ITO(In$_2$O$_3$:Sn)、FTO(SnO$_2$:F)和 AZO(ZnO:Al)等[9]。

　　ITO 具有电化学稳定性好、易于加工、光透过率高和导电性能优异等特点,是最常用的透明导电薄膜。在优化工艺参数的条件下,所制备的 ITO 薄膜的电阻率为 $3.7 \times 10^{-3} \Omega \cdot cm$,550nm 波长的光透过率高达 93.3%;FTO 因具有良好的化学稳定性和可以在高温氧化气氛中使用,因此也被广泛用作太阳电池的透明导电层。此外,AZO 具有储量丰富、生产成本低、无毒性和易于实现掺杂的优点,因此也在薄膜太阳中占有重要的一席之地。

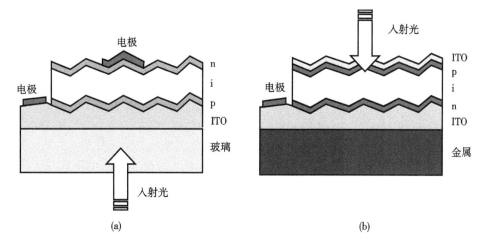

图 3.9 具有绒面电极的 n-i-p(a)和 p-i-n(b)的太阳电池剖面结构示意图

3.2.4 光子晶体

光子晶体是由两种折射率相差较大的介质材料按空间周期性排列形成的一种新型人工光学或电磁波材料,其周期为波长量级。从晶格维度上分,光子晶体可分为一维、二维和三维光子晶体。光子晶体不仅在制作高 Q 值微腔激光器和低损耗光波导方面具有重要应用,而且还可以获得良好的表面陷光效果,因而在高效率太阳电池制作方面也有着潜在应用。图 3.10(a)和(b)分别示出了在阳极铝平台上生长的具有不同高度的 CdS 纳米柱阵列结构和光反射率特性[10]。由图 3.10(b)可以看出,当太阳电池表面没有 CdS 纳米柱阵列时,其光反射率高达 60%。而当制作有 CdS 纳米柱阵列时,其光反射大幅度减小,而且随着纳米柱高度的增加,其反射率将进一步降低。

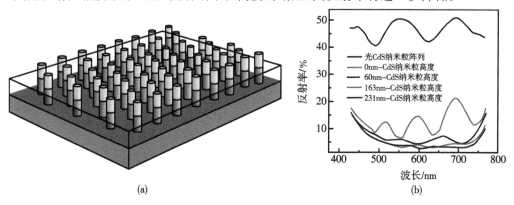

图 3.10 具有不同高度的 CdS 纳米柱阵列(a)和反射率与波长的关系(b)

3.3　表面等离子增强光俘获

　　3.2 节主要介绍了减少光反射和增加光吸收的几项技术措施。除了上述方法之外,人们又提出了一种新型的陷光技术,即利用纳米金属微粒在太阳电池表面产生的等离子增强作用,由它们对入射光进行散射和俘获,以此达到增加光吸收的目的,这种表面陷光技术对改善薄膜太阳电池的光伏特性具有重要意义[11]。

3.3.1　表面等离子光俘获方式

　　一般而言,表面等离子是由沉积在光伏器件表面的各种金属纳米微粒与太阳电池表面发生相互作用产生的。大体可以分为以下两种类型:一种是利用金属纳米微粒与半导体材料界面产生导电电子的激发形成局域表面等离子,另一种则是在金属纳米微粒层与半导体材料界面产生表面等离子激元。发生在薄膜太阳电池表面的等离子光俘获主要有以下三种方式[12]:①以金属纳米微粒作为亚波长散射单元,自由地俘获从太阳光入射到半导体薄膜的平面光波,并使其耦合到吸收层中去,如图 3.11(a)所示;②以金属纳米微粒作为亚波长天线,使入射光以近场等离子形式耦合到半导体薄膜中去,以此有效地增加光吸收截面,如图 3.11(b)所示;③让光吸收层背面上的波纹状金属薄膜耦合太阳光,使其在金属/半导体界面成为表面等离子激元模式,或使其在半导体平板表面成为波导模式,从而使入射光转换成半导体中的光生载流子,如图 3.11(c)所示。采用以上三种光散射或光俘获技术,可以使光伏器件的吸收层厚度大大减薄,但光吸收系数仍能保持不变。

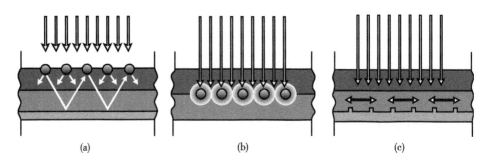

(a)　　　　　　　　　(b)　　　　　　　　　(c)

图 3.11　薄膜太阳电池中的表面等离子光俘获示意图

3.3.2　纳米微粒的等离子光散射

　　纳米微粒在半导体表面的光散射效应,是利用紧密排列的纳米微粒阵列作为共振散射元,将入射光耦合到单晶 Si、非晶 Si、量子阱以及 GaAs 太阳电池中,所观测到的表面等离子增强的光散射现象。Catchpole 等[13]理论研究了金属纳米微粒的形状与尺寸对光耦合效率的影响,图 3.12(a)示出了具有不同形状和尺寸纳米微粒的光散射率与光波长的依赖关系。可以看出,随着微粒尺寸的减小,其光散射率增加。尤其是局域在半导体层表面的偶极子,由于它们具有较大的动量,可以有效增强近场耦合作用,因此具有较大的光散射率。对于非常接近于 Si 衬底表面的一个点偶极子,可以有 96% 的入射光被散射到 Si 衬底中。图 3.12(b)是利用简单的一级散射模型,由计算得到的等离子散射光程增强与散射到衬底的分数之间的关系。对于在 Si 表面上的直径为 100nm 的 Ag 半球状粒子,光散射率获得了近 30 倍的增加。

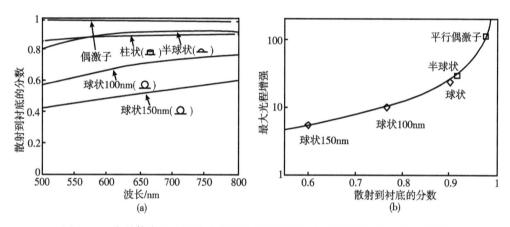

图 3.12　半导体表面金属纳米微粒的光散射特性(a)和形状与尺寸的关系(b)

进一步的研究证实,发生在半导体薄膜表面的光散射,不仅与金属纳米微粒的尺寸和形状有关,而且还与衬底材料的类型等诸多因素相关。因此,为了能使表面等离子光散射和光俘获最佳化,应在纳米微粒的种类、形状、尺寸、表面格栅衍射以及耦合波导模式等方面作综合考虑。

3.3.3　纳米微粒的等离子光聚焦

发生在薄膜太阳电池中共振等离子体激发的主要作用,是利用金属纳米微粒周围的强局域场增加基质半导体材料的光吸收。具体而言,是纳米微粒有效充当了一个"天线"效应,并以一个局域在表面的等离子模式存储入射的光能。这些所谓的"天线",对于载流子扩散长度较小的半导体材料是非常有用的,它可以使光生载流子在接近于 pn 结附近的区域被有效收集。为了能够使半导体薄膜有效地产生等离子增强光吸收和光聚集,应使其光吸收速率大于经典延迟物理时间的倒数,这种高吸收速率现象已在许多有机半导体和直接带隙半导体中被实验观测到。表 3.2 列出了一些主要金属纳米微粒的等离子波长。

表 3.2　一些主要金属纳米微粒的等离子波长

金属纳米微粒	等离子波长/nm	金属纳米微粒	等离子波长/nm
Pd	～250	Y	～430
Ag	～390	Au	～525
Ba	～400	Pt	～230
Eu	～380	Cu	～210
Ca	～500	Cs	>700

3.3.4　表面等离子激元的光俘获

　　表面等离子激元是沿着金属背接触和半导体吸收层界面传播的电磁波,它可以有效地在半导体层中俘获并传导入射光。在 800～1500nm 的波长范围,等离子激元的传播长度范围在 10～100μm。图 3.13 示出了在 Si/Ag、GaAs/Ag 和有机薄膜/Ag 三种不同的界面,由表面等离子激元引起的光吸收特性与波长的依赖关系[14]。可以看出,在 600～870nm 的波长范围内,GaAs/Ag 界面具有较高的光吸收率,这是由于 GaAs 材料具有适宜的禁带宽度和直接带隙性质。其中,600nm 为 GaAs/Ag 界面的表面等离子激元的共振波长,870nm 是与 GaAs 的 1.42eV 禁带宽度相对应的光吸收波长;在 Si/Ag 界面,光吸收率远低于 GaAs/Ag 界面,尽管在 700～1150nm 波长范围有相对较大的光吸收率,这是由于 Si 是一种间接带隙半导体材料;而对于有机薄膜/Ag 界面,在小于 650nm 的波长范围具有很高的光吸收率,此起因于有机聚合物材料自身所具有的较大光吸收系数和低介电常数。

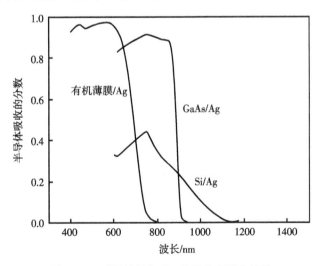

图 3.13　不同材料与 Ag 界面的光吸收特性

参 考 文 献

［1］ 方俊鑫，陆栋.固体物理学.上海：上海科学技术出版社，1981

［2］ Luque A，Hegedus S,等.光伏技术与工程手册.王文静，李海玲，周春兰，等，译.北京：机械工业出版社，2011

［3］ 熊绍珍，朱美芳.太阳能电池基础与应用.北京：科学出版社，2009

［4］ 彭英才，于威，等.纳米太阳电池技术.北京：化学工业出版社，2010

［5］ 杨德仁.太阳电池材料.北京：化学工业出版社，2009

［6］ Sanii F，Giles F，Schwartz R，et al. Contactless nondestructive measurent of bulk and surface yecombination using frequency-modulated free carrier absorption. Solid State Electron，1992，35：311

［7］ Chiao S C，Zhou J L，Macleod H A. Optimized design of an antireflection coating for textured silicon solar cells. Appl. Opt. ，1993，32：5557

［8］ Green M. 太阳能电池——工作原理、技术和系统应用.狄大卫，曹绍阳，李秀文，等，译.上海：上海交通大学出版社，2010

［9］ Zhao E J，Zhang W J，Lin J，et al. Preparation of ITO thin films applied in nanocrystalline silicon solar cells. Vacuum，2011，86：290

［10］ Fan Z，Razavi H，Do J，et al. Three-dimensional nanopillar-array photovoltaics on low-cost and flexible substrates. Nature materials，2009，8：648

［11］ 彭英才，马蕾，沈波，等.表面等离子增强太阳电池及其研究进展.微纳电子技术，2013，50：417

［12］ Atwater H A，Polman A. Plasmonics for improved photovoltaic devices. Nature Materials，2010，9：205

［13］ Catchpole K R，Polmun A. Design principles for partricle plasmon enhanced solar cells. Appl. Phys. Lett. ，2008，93：191113

［14］ Dionne J A，Sweatlock A，Atwater H A. Coulomb scattering rates of excited carriers in moderate-gap carbon nanotubes. Phys. Rev. ，2006，B73：235407

第4章 半导体中的载流子输运

　　载流子输运是指在光照、电场、磁场和温度等外场作用下,发生在半导体材料或器件中的一个重要物理过程。在光照射下,半导体中将产生电子-空穴对,即所谓的光生载流子;在电场作用下,载流子将发生定向漂移运动,并产生漂移电流。在浓度梯度存在下,载流子将发生扩散运动,并产生扩散电流;有载流子的产生,必有载流子的复合,这是非平衡载流子输运的一个基本物理属性。

　　载流子的漂移速度、迁移率、寿命、扩散系数、扩散长度和复合速率是表征载流子输运性质的几个重要物理参数。为了提高太阳电池的转换效率,需要光伏材料应具有高的漂移迁移率、大的扩散长度、长的载流子寿命和低的载流子复合速率,这就需要能够制备出高质量的半导体材料与优化的器件结构。本章将对发生在半导体中的载流子产生、漂移、扩散、复合与收集等问题进行具体分析与讨论。

4.1　光照下的载流子产生

　　在一定温度下,半导体中的载流子浓度是一定的,这种处于热平衡状态下的载流子浓度称为平衡载流子浓度。当用适宜波长的光照射半导体时,只要该光子的能量 $h\nu$ 大于半导体的禁带宽度 E_g,光子就能够将价带中的电子激发到导带上去,并产生一个电子-空穴对。这样,导带会比平衡时多出一部分电子,价带比平衡时多出一部分空穴,通常把这部分多出的电子和空穴称为非平衡载流子,图 4.1 示出了光照下非平衡载流子的产生过程。可以看出,当 $h\nu<E_g$ 时,不能激发产生一个电子-空穴对。

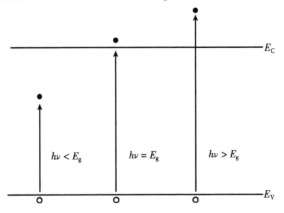

图 4.1　光照下非平衡载流子的产生过程

当 $h\nu=E_g$ 时,价带电子会从价带跃迁到导带中,形成一个电子-空穴对。而当 $h\nu>E_g$ 时,光生电子可以被激发到导带中更高的能量状态上去。

前面已经指出,光吸收系数的大小决定了材料或器件产生电子-空穴对的能力。如果定义光在半导体中沿光照方向的 x 处,单位时间和单位体积内由光吸收产生的电子-空穴对数目为载流子的产生率 $G(x)$,则有[1]

$$G(x) = I_0 g_{e-h}(1-R)\alpha e^{-\alpha x} \qquad (4.1)$$

式中,I_0 为入射光的强度,R 为光反射系数,α 为光吸收系数,g_{e-h} 为一个光子激发产生一个电子-空穴对的概率。

对于太阳光,在半导体中沿光照方向 x 处光生载流子的产生率 $G(x)$ 可由下式给出

$$G(x) = \int_{\nu>\nu_g}^{\infty} (1-R)\alpha\phi_{ph} e^{-\alpha x} \mathrm{d}\nu \qquad (4.2)$$

式中,ϕ_{ph} 为太阳光的光子流密度分布。由以上二式可以看出,光生载流子的产生率 $G(x)$ 与距离 x 呈负指数依赖关系,即随着距离的增加,载流子的产生率将急剧减小。

4.2　外场作用下的载流子输运

4.2.1　外加电场下的载流子漂移

在电场作用下,半导体中的电子沿着与电场相反的方向漂移,空穴沿着与电场相同的方向漂移,由此形成漂移电流。一方面,载流子从电场中不断获得能量而加速,因而漂移速度与电场强度直接相关;另一方面,载流子在半导体中因受到偏离周期势场的畸变势散射作用,损失其自身能量或改变原来的运动方向,这将使载流子的漂移速度不会无限增大,图 4.2 示意给出了外加电场下电子(a)与空穴(b)的漂移过程[2]。

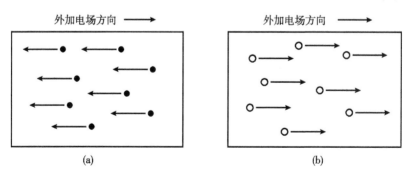

图 4.2　外加电场下电子(a)与空穴(b)的漂移过程

对于一个恒定的外加电场,载流子漂移速度 v_0 与电场强度 $\mathscr{E}$ 成正比例依赖关系,即

$$v_0 = \mu \mathcal{E} \tag{4.3}$$

式中，μ 为载流子迁移率。从原理上讲，迁移率 μ 是电场 $\mathcal{E}$ 的函数，但在弱电场下迁移率与电场无关。对于太阳电池，通常是在低电场条件下工作，可视其为一常数。

电子浓度为 n 的漂移电流密度为

$$J_{n(漂)} = - q n v_D = q n \mu_n \mathcal{E} \tag{4.4}$$

式中，μ_n 为电子迁移率。空穴浓度为 p 的漂移电流密度为

$$J_{p(漂)} = q p v_D = q p \mu_p \mathcal{E} \tag{4.5}$$

式中，μ_p 为空穴迁移率。n 型和 p 型半导体的电导率分别由下式给出

$$\sigma_n = n q \mu_n, \qquad \sigma_p = p q \mu_p \tag{4.6}$$

当电子和空穴都对电导产生贡献时，则有

$$\sigma = q (n \mu_n + p \mu_p) \tag{4.7}$$

而对于本征半导体则有

$$\sigma = n_i q (\mu_n + \mu_p) \tag{4.8}$$

式中，n_i 为本征载流子的浓度。

4.2.2 载流子迁移率

迁移率是表征半导体材料中载流子输运特性的一个重要物理量。制约载流子迁移率的主要因素是半导体中散射机制的存在，如电离杂质散射、晶格振动散射和中性杂质散射等。而在各种散射机制中，电离杂质散射和声子对迁移率的散射是两种最主要的散射过程，前者在低温下起主导作用，而后者在高温下起支配作用。在光伏器件中，为了提高其转换效率，需要材料尽可能具有高的载流子迁移率，因为这样可以使更多的光生载流子发生分离和收集，表 4.1 汇总了一些主要半导体材料的载流子迁移率值。

表 4.1 一些主要光伏材料的载流子迁移率值

材料	迁移率/[cm²/(V · s)]		材料	迁移率/[cm²/(V. s)]	
	电子	空穴		电子	空穴
Si	1350	500	CdSe	600	65
Ge	3900	1900	CdS	210	18
GaAs	8000	100~3000	PbSe	1020	930
InAs	22600	150~200	PbS	550	600

在弱电场条件下，载流子的迁移率大小与电场强度、杂质浓度、温度以及载流子的平均漂移速度直接相关。对于 Si 材料，迁移率可由下式给出

$$\mu = \mu_{min} + \frac{\mu_0}{\left(\dfrac{N}{N_{ref}}\right)^a} \tag{4.9}$$

式(4.9)中的各参数如表 4.2 所示。

表 4.2 式(4.9)中各物理参数的具体数值

	$\mu_{min}/[cm^2/(V \cdot s)]$	$\mu_0/[cm^2/(V \cdot s)]$	N_{ref}/cm^{-3}	α
电子	232	1180	8×10^{16}	0.9
空穴	130	370	8×10^{17}	1.25

在强电场条件下,载流子迁移率随电场强度的增大而增加。当载流子漂移速度达到饱和后,迁移率将随之减小。对于少数载流子,平均漂移速度与电场的依赖关系可由下式给出

$$\upsilon = \frac{\mu_{min}}{1 + \left[1 + \left(\frac{\mu_{If}\mathscr{E}}{\upsilon_{sat}}\right)^\beta\right]^{\frac{1}{\beta}}} \tag{4.10}$$

式中,μ_{If} 为载流子的低场迁移率。关于参数 β 的取值,对于电子 $\beta=1$,对于空穴 $\beta=2$,υ_{sat} 为饱和漂移速度。

GaAs 中的载流子迁移率与 Si 有所不同。由于在 GaAs 中存在"速度过冲"现象,所以迁移率可由下式给出

$$\mu_n = \frac{\mu_{If}\mathscr{E} + \upsilon_{sat}(\mathscr{E}/\mathscr{E}_0)^\beta}{1 + (\mathscr{E}/\mathscr{E}_0)^\beta} \tag{4.11}$$

式中,$\mathscr{E}_0 = 4 \times 10^3 \, V/cm$。关于 β 的取值,对于电子 $\beta=4$,对于空穴 $\beta=1$。υ_{sat} 可由下式给出,即

$$\upsilon_{sat} = 11.3 \times 10^6 - 1.2 \times 10^4 \, T \tag{4.12}$$

式中,T 为绝对温度。

前已说明,载流子迁移率与温度和掺杂浓度具有密不可分的依赖关系。在低温下,强烈的杂质散射制约着迁移率。而在高温下,晶格振动散射将对迁移率产生重要影响。图 4.3(a)和(b)分别示出了载流子迁移率随温度和掺杂浓度的变化关系。

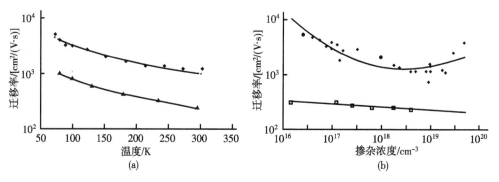

图 4.3 载流子迁移率随温度(a)和掺杂浓度(b)的变化关系

4.2.3 浓度梯度下的载流子扩散

当半导体中的载流子浓度在空间分布不均匀时,将发生扩散运动。载流子由高浓度向低浓度发生扩散,这是它们的另一种重要输运方式。当光照射到半导体材料表面时,由于它对光的吸收是沿入射方向衰减的,在距离表面吸收深度的范围内将产生大量的电子与空穴,进而形成从表面向体内的不均匀载流子分布。在浓度梯度的作用下,载流子将发生扩散运动,其扩散电子流密度为[3]

$$J_{n(扩)} = qD_n \frac{\mathrm{d}\Delta n}{\mathrm{d}x} \tag{4.13}$$

类似地,扩散空穴流密度为

$$J_{p(扩)} = -qD_p \frac{\mathrm{d}\Delta p}{\mathrm{d}x} \tag{4.14}$$

以上二式中,D_n 和 D_p 分别为电子与空穴的扩散系数,Δn 和 Δp 分别为由光照产生的非平衡电子数和非平衡空穴数。图 4.4 示意给出了在浓度梯度作用下电子与空穴的扩散运动过程。

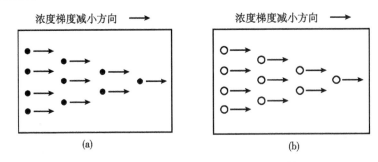

图 4.4　浓度梯度下电子(a)与空穴(b)的扩散过程

4.2.4 载流子连续性方程

由于外电场的引入、表面与体内的差别以及掺杂的浓度梯度等因素,非平衡载流子的分布通常是不均匀的。此时,载流子的漂移运动和扩散运动同时存在,并成为一对矛盾的统一体。利用载流子连续性方程可以描述光照下载流子的产生、电场作用下载流子的漂移、浓度梯度下载流子的扩散和非平衡载流子的复合等输运过程[4]。

1. 电流密度方程

假设在半导体的 x 方向有一均匀的外电场作用,当非平衡载流子同时进行扩散与漂移运动时,由电子与空穴构成的电流密度分别为

$$J_n = qD_n \frac{\mathrm{d}\Delta n}{\mathrm{d}x} + qn\mu_n \mathscr{E} \tag{4.15}$$

$$J_p = -qD_p \frac{\mathrm{d}\Delta p}{\mathrm{d}x} + qp\mu_p \mathscr{E} \tag{4.16}$$

利用爱因斯坦关系式

$$\frac{D}{\mu} = \frac{kT}{q} \tag{4.17}$$

总的电流密度方程可分为

$$J = J_n + J_p = q\mu_n \left(n\mathscr{E} + \frac{kT}{q}\frac{\mathrm{d}\Delta n}{\mathrm{d}x} \right) + q\mu_p \left(p\mathscr{E} - \frac{kT}{q}\frac{\mathrm{d}\Delta p}{\mathrm{d}x} \right) \tag{4.18}$$

2. 非稳态连续性方程

在光照下产生的非平衡载流子不仅是距离 x 的函数,而且也是时间 t 的函数。单位面积内电子浓度和空穴浓度的变化率分别为

$$\frac{\partial n}{\partial t} = \frac{1}{q}\nabla J_n(x) + G_n - U_n \tag{4.19}$$

$$\frac{\partial p}{\partial t} = \frac{1}{q}\nabla J_p(x) + G_p - U_p \tag{4.20}$$

以上二式中,G_n 和 G_p 分别为电子与空穴的产生率,U_n 和 U_p 分别为电子与空穴的复合率。考虑到电场是位置的函数,一维非平衡载流子的连续方程可由下式给出

$$\frac{\partial n}{\partial t} = G_n - U_n + n\mu_n\frac{\partial\mathscr{E}}{\partial x} + \mu_n\mathscr{E}\frac{\partial n}{\partial x} + D_n\frac{\partial^2 n}{\partial x^2} \tag{4.21}$$

$$\frac{\partial p}{\partial t} = G_p - U_p - p\mu_p\frac{\partial\mathscr{E}}{\partial x} - \mu_p\mathscr{E}\frac{\partial p}{\partial x} + D_p\frac{\partial^2 p}{\partial x^2} \tag{4.22}$$

3. 稳态连续性方程

在稳态情形下则有

$$\frac{\partial n}{\partial t} = \frac{\partial p}{\partial t} = 0 \tag{4.23}$$

即载流子浓度不随时间而变化。假设材料均匀掺杂,其禁带宽度、载流子迁移率和扩散系数均与位置无关,于是

$$\mu_n\mathscr{E}\frac{\mathrm{d}n}{\mathrm{d}x} + D_n\frac{\mathrm{d}^2 n}{\mathrm{d}x^2} + G_n - U_n = 0 \tag{4.24}$$

$$\mu_p\mathscr{E}\frac{\mathrm{d}p}{\mathrm{d}x} - D_p\frac{\mathrm{d}^2 n}{\mathrm{d}x^2} - G_p + U_p = 0 \tag{4.25}$$

4. 少数载流子的扩散方程

考虑一种较简单的情形,即电场很弱($\mathscr{E} \approx 0$)。此时,与扩散电流相比,漂移电流可以忽略不计。在小注入条件下,n 型半导体的复合项为

$$U_n - \frac{p_n - p_{no}}{\tau_p} = \frac{\Delta p_n}{\tau_p} \tag{4.26}$$

p 型半导体的复合项为

$$U_p = \frac{n_p - n_{po}}{\tau_n} = \frac{\Delta n_p}{\tau_n} \tag{4.27}$$

以上二式中，p_n 和 n_p 分别为 n 区中的空穴浓度和 p 区中的电子浓度，p_{no} 和 n_{po} 分别为 n 区中的平衡空穴浓度和 p 区中的平衡电子浓度，Δp_n 和 Δn_p 分别为 n 区中的非平衡空穴浓度和 p 区中的非平衡电子浓度，τ_n 和 τ_p 分别为非平衡电子和空穴的寿命。

式(4.24)和式(4.25)可以简化为少数载流子的扩散方程。对于 n 型半导体有

$$D_p \frac{d^2 \Delta p_n}{dx^2} - \frac{\Delta p_n}{\tau_p} + G_p(x) = 0 \tag{4.28}$$

对于 p 型半导体则有

$$D_n \frac{d^2 \Delta n_p}{dx^2} - \frac{\Delta n_p}{\tau_n} + G_n(x) = 0 \tag{4.29}$$

上述方程组是分析和讨论太阳电池光伏性能的基本方程。

4.3　非平衡载流子的复合

前面已经说明，在光照下半导体中将产生非平衡载流子，从而使半导体处于非平衡状态。当光照消失之后，非平衡状态的载流子将通过复合又回到各自的平衡状态。通常，电子与空穴的复合机制有两类，即辐射复合与非辐射复合。辐射复合是光吸收的逆过程，电子与空穴的复合能量以发射光子的形式释放；对于非辐射复合，释放的能量则以发射声子的形式交给晶格，其直接效果是增加晶格温度。下面，对发生在半导体中的各种非平衡载流子过程进行简单讨论。

4.3.1　辐射复合

辐射复合往往发生在直接带隙半导体中。导带中的电子向下跃迁与价带中的空

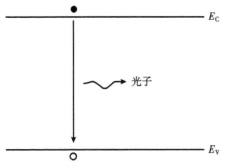

图 4.5　电子与空穴的直接复合过程

穴相遇，二者通过复合使电子-空穴对消失，同时发射一个光子，图 4.5 示出了半导体中电子与空穴的直接复合过程。在直接带隙半导体中，复合过程中没有动量变化，因而直接复合概率较高。复合率 R 与载流子浓度 n 和 p 成正比，即[5]

$$R = r_{rad} np \tag{4.30}$$

式中，r_{rad} 为电子与空穴的辐射复合概率。在热平衡时，导带电子浓度为 n_0，价带空穴浓度为 p_0，此时的复合率为

$$R_0 = r n_0 p_0 \tag{4.31}$$

与此同时，在热平衡时复合率等于产生率，即有

$$G_0 = R_0 \tag{4.32}$$

当有外场作用时,载流子产生率增加,复合率也随之而增加,此时半导体达到一个新的非平衡稳态。当外场消失后,只有热产生率,此时复合率大于产生率,非平衡载流子浓度发生衰减。这样,净复合率可写为

$$U = R - G_0 = r_{rad}(np - n_i^2) \tag{4.33}$$

式中,n_i 为本征载流子浓度。

对于 p 型半导体,净辐射复合率可表示为

$$U_{rad} = \frac{n - n_0}{\tau_{n,rad}} \tag{4.34}$$

类似地,对于 n 型半导体则有

$$U_{rad} = \frac{p - p_0}{\tau_{p,rad}} \tag{4.35}$$

在实际的太阳电池中,辐射复合显得并不那么重要。然而,在讨论理想电池的极限效率时,辐射复合是不可忽略的一个重要因素。

4.3.2　SRH 复合

SRH(Shockley-Read-Hall)复合是一种通过禁带中的复合中心完成非平衡载流子复合的间接复合过程[6]。尤其是像 Si 与 Ge 这类间接带隙半导体,由于它们的导带底与价带顶不在 k 空间的同一位置,带间直接复合概率极小。因此,通过复合中心的间接复合将成为非平衡载流子的主要复合过程。其复合途径是:导带中的电子首先被禁带中的缺陷或陷阱能级俘获,该能级再俘获价带中的空穴。其

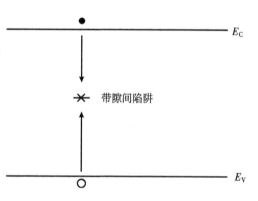

图 4.6　电子与空穴的 SRH 复合过程

后,二者通过缺陷或陷阱能级复合而消失,图 4.6 示出了电子与空穴的 SRH 复合过程。其净复合率由下式表示

$$U_{SRH} = \frac{np - n_i^2}{\tau_{n,SRH}(p + p_t) + \tau_{p,SRH}(n + n_t)} \tag{4.36}$$

式中,$\tau_{n,SRH}$ 和 $\tau_{p,SRH}$ 分别为电子与空穴的寿命,n_t 和 p_t 分别为电子与空穴的准费米能级与缺陷能级重合时对应的电子与空穴浓度。$\tau_{n,SRH}$ 和 $\tau_{p,SRH}$ 可分别由下式给出

$$\tau_{n,SRH} = \frac{1}{\upsilon_n\sigma_n N_t}, \quad \tau_{p,SRH} = \frac{1}{\upsilon_p\sigma_p N_t} \tag{4.37}$$

式中,υ_n 和 υ_p 分别为电子与空穴的热平均运动速度,σ_n 和 σ_p 分别为电子与空穴的俘获截面。

4.3.3　俄歇复合

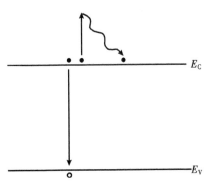

图 4.7　电子与空穴的俄歇复合过程

当载流子由高能级向低能级跃迁发生电子与空穴复合时,将多余的能量传递给另一个载流子,使这个载流子被激发到更高的能量状态上去。当它重新跃迁到低能级时,多余的能量时常以声子形式放出,这种复合过程就是人们所熟知的俄歇复合。这是一种典型的非辐射复合,图 4.7 示出了电子与空穴的俄歇复合过程。俄歇复合的逆过程是碰撞电离,是电子-空穴对的产生过程。一个处于高能态的电子碰撞晶格中的原子,将价带中的电子激发到导带产生一个电子-空穴对,然后该电子回落到导带底,碰撞电离的产生率正比于高能态电子与空穴的浓度[7]。关于基于逆俄歇过程的多激子产生问题,将在第 13 章中进行详细讨论。

在热平衡状态,俄歇复合与碰撞电离相平衡。在小注入条件下,俄歇复合寿命由下式表示

$$\tau = \frac{1}{r_{\text{aug,n}} n_0^2 + (r_{\text{aug,n}} + r_{\text{aug,p}}) n_i^2 + r_{\text{aug,}} p_0^2} \tag{4.38}$$

式中,$r_{\text{aug,n}}$ 和 $r_{\text{aug,p}}$ 分别为电子与空穴的俄歇复合系数,n_0 和 p_0 分别为平衡电子与空穴的浓度。对于 n 型半导体,带间俄歇复合的电子寿命为

$$\tau_{\text{aug,n}} = \frac{1}{r_{\text{aug,n}} N_A^2} \tag{4.39}$$

类似地,对于 p 型半导体,带间俄歇复合的空穴寿命为

$$\tau_{\text{aug,p}} = \frac{1}{r_{\text{aug,p}} N_D^2} \tag{4.40}$$

以上二式中,N_A 和 N_D 分别为半导体中的受主与施主掺杂浓度。对于高掺杂、窄带隙、强注入或高温条件下的半导体,俄歇复合过程将是主要的复合通道。

4.3.4　表面复合

除了体内复合之外,非平衡载流子复合也受表面状态的影响。晶体在表面的周期性中断将产生大量悬挂键、表面损伤以及杂质吸附等,它们都可能在禁带中引入缺陷态。与体内的缺陷态相同,表面或界面的缺陷面也会对电子和空穴的复合产生重要作用。其表面复合率可由下式给出

$$U_s = \int_{E_V}^{E_C} \frac{np - n_i^2}{[p + n_i e^{(E_i - E_t)/kT}]/S_n + [n + n_i e^{(E_t - E_i)/kT}]/S_p} \rho_s(E_t) \mathrm{d}E_t \tag{4.41}$$

式中, E_t 为陷阱能级, $\rho_s(E_t)$ 是表面态的态密度分布, S_n 和 S_p 具有速度的量纲,分别为电子与空穴的有效表面复合速率。在太阳电池中,表面复合对短路电流产生直接影响。因此,减少表面与界面复合是获得太阳电池高效率的一个重要因素。

4.3.5　载流子寿命

除了载流子迁移率之外,载流子寿命是影响太阳电池转换效率的另一个重要物理参数。如果同时考虑到辐射复合、俄歇复合与 SRH 复合对载流子寿命的贡献,载流子寿命可由下式表示[8]

$$\frac{1}{\tau} = \frac{1}{\tau_{rad}} + \frac{1}{\tau_{aug}} + \frac{1}{\tau_{SRH}} \tag{4.42}$$

式中, τ_{rad}、τ_{aug} 和 τ_{SRH} 分别是由辐射复合、俄歇复合和 SRH 复合所确定的载流子寿命。

较长的载流子寿命 τ 可以增加载流子的扩散长度 L,二者具有如下关系

$$L = \sqrt{D\tau} \tag{4.43}$$

式中, D 为载流子的扩散系数。在光伏器件中,大的载流子扩散长度有利于光生载流子的分离和收集。换言之,为了提高太阳电池的转换效率,应尽可能增大载流子的扩散长度,因此具有低缺陷密度高质量半导体材料的制备至关重要。

由俄歇复合确定的寿命与掺杂浓度直接相关,对于具有施主掺杂和受主掺杂的情形分别有

$$\frac{1}{\tau_{n,SRH}} = \left(\frac{1}{2.5 \times 10^{-3}} + 3 \times 10^{-13} N_D \right) \left(\frac{300}{T} \right)^{1.77} \tag{4.44}$$

$$\frac{1}{\tau_{p,SRH}} = \left(\frac{1}{2.5 \times 10^{-3}} + 11.76 \times 10^{-13} N_A \right) \left(\frac{300}{T} \right)^{0.57} \tag{4.45}$$

式中, N_D 和 N_A 分别为施主和受主掺杂浓度。

此外,在俄歇复合存在的情形下,电子与空穴寿命分别与电子和空穴浓度有关,且有

$$\frac{1}{\tau_{aug,n}} = 1.83 \times 10^{-31} p^2 \left(\frac{T}{300} \right)^{1.18} \tag{4.46}$$

$$\frac{1}{\tau_{aug,p}} = 2.78 \times 10^{-31} n^2 \left(\frac{T}{300} \right)^{0.72} \tag{4.47}$$

式中, n 和 p 分别为电子与空穴浓度。

除了掺杂度和载流子浓度之外,太阳电池的晶片厚度也对载流子寿命有一定影响,并且可以由下式表示

$$\frac{1}{\tau_{eff}} = \frac{1}{\tau_{SRH}} + \frac{2d}{A}S \tag{4.48}$$

式中，τ_{eff} 为载流子的有效寿命，d 为晶片厚度，S 为表面复合速度，A 为器件面积。图 4.8(a) 和 (b) 分别示出了单晶 Si 太阳电池在不同载流子寿命下转换效率随晶片厚度的变化关系和在不同表面复合速度 S 下转换效率与载流子寿命的依赖关系[9]。

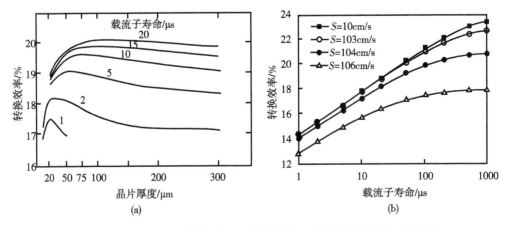

图 4.8　Si 太阳电池的转换效率与晶片厚度 (a) 和载流子寿命 (b) 的关系

4.4　光生载流子的收集

为了更进一步加深对太阳电池光伏性能的了解，需要对光电流的产生与输运过程进行分析。在光照条件下，假设每个入射光子在 pn 结有源区产生一个电子-空穴对，可以分别得到稳态条件下 pn 结的 n 区和 p 区载流子的扩散方程。n 区的空穴扩散方程和 p 区的电子扩散方程分别为[10]

$$D_{\text{p}} \frac{\mathrm{d}^2 p_{\text{n}}}{\mathrm{d}x^2} - \frac{p_{\text{n}} - p_{\text{no}}}{\tau_{\text{p}}} + 2\phi_0 \mathrm{e}^{-\alpha x} = 0 \tag{4.49}$$

$$D_{\text{p}} \frac{\mathrm{d}^2 n_{\text{p}}}{\mathrm{d}x^2} - \frac{n_{\text{p}} - n_{\text{po}}}{\tau_{\text{n}}} + 2\phi_0 \mathrm{e}^{-\alpha x} = 0 \tag{4.50}$$

在 pn 结处，单位面积的电子和空穴电流分量分别为

$$J_{\text{p}} = -qD_{\text{p}} \frac{\mathrm{d}p_n}{\mathrm{d}x} \Big| x = x_j \tag{4.51}$$

$$J_{\text{n}} = qD_{\text{n}} \frac{\mathrm{d}n_p}{\mathrm{d}x} \Big| x = x_j \tag{4.52}$$

光子收集效率 η_c 可定义为在光照条件下 pn 结的光产生电流与入射光子之比，即

$$\eta_c = \frac{J_{\text{p}} + J_{\text{n}}}{q\phi_0} \tag{4.53}$$

式中，ϕ_0 为入射光子通量。η_c 的大小直接影响着太阳电池的短路电流密度、开路电压和转换效率，而它则由构成 pn 结的半导体材料性质优劣所决定。换言之，为了获得

较大的载流子收集效率,应进一步提高材料的生长质量,最大限度地减少作为载流子复合中心的各种缺陷。

收集效率受少数载流子扩散长度和吸收系数的影响。为了能够更多地收集光生载流子,希望它有尽可能大的扩散长度。在某些太阳电池中,通过杂质梯度可以建立自建场以改进载流子的收集效率。就吸收系数来说,大的光吸收系数导致表面层内的有效收集,而小的光吸收系数使光子向深处穿透,这将使得太阳电池的衬底对载流子的收集作用更为重要。GaAs 太阳电池属于前者,而 Si 太阳电池属于后者。

参 考 文 献

[1] 熊绍珍,朱美芳.太阳能电池基础与应用.北京:科学出版社,2009

[2] 刘恩科,朱秉升,罗晋生.半导体物理学.4 版.北京:国防工业出版社,1994

[3] 杨德仁.太阳电池材料.北京:化学工业出版社,2006

[4] Fonash S J. Solar cell device physics. 2nd Edition.北京:科学出版社,2011

[5] Luque A,Hegedus S,et al.光伏技术与工程手册.王文静,李海玲,周春兰,等,译.北京:机械工业出版社,2011

[6] Green M.太阳能电池——原理、技术和系统应用.狄大卫,曹昭阳,李秀文,等,译.上海:上海交通大学出版社,2010

[7] 彭英才,傅广生.新概念太阳电池.北京:科学出版社,2014

[8] McEvoy A.实用光伏手册——原理与应用(上)(英文影印本).北京:科学出版社,2013

[9] 小长井诚,山口真史,近藤道雄.太阳电池的基础与应用.东京:培风馆,2010

[10] 孟庆巨,刘海波,孟庆辉.半导体器件物理.北京:科学出版社,2005

第5章 单带隙 pn 结太阳电池

太阳电池是一种利用光生伏特效应将光能转换成电能的光伏器件。表征太阳电池光伏性能的主要物理参数是能量转换效率(以下简称转换效率)。转换效率的高低是由半导体材料的物理性质、器件结构的组态以及光照作用下载流子的输运过程等多种因素共同决定的。例如,材料的禁带宽度、掺杂浓度、缺陷态密度、少数载流子寿命、扩散长度和迁移率以及辐射复合与非辐射复合等,都将对太阳电池的转换效率产生重要影响。

为了使读者能够充分理解各种太阳电池的工作原理与光伏特性,本章将以单带隙 pn 结太阳电池为例,分析与讨论太阳电池的光伏原理,主要内容包括光生伏特效应、光伏性能参数、转换效率分析以及能量损失机制等。最后,对 p-i-n 结构太阳电池和背接触太阳电池进行了简单介绍。

5.1　pn 结太阳电池的光生伏特效应

当能量大于半导体材料禁带宽度的一束光垂直入射到 pn 结表面时,光子将在距离表面一定的深度范围内被吸收。入射光在空间电荷区和结附近的区域内同时激发产生电子-空穴对,而且产生的电子与空穴在 pn 结内建电场的作用下发生分离。p 区的电子漂移到 n 区,n 区的空穴漂移到 p 区,由此形成自 n 区流向 p 区的光生电流。光生载流子的漂移和堆积会形成一个与热平衡结电场方向相反的电场,并产生一个与光生电流方向相反的正向结电流。该电流补偿结电场,使势垒降低为 $qV_D - qV$。当光生电流与正向结电流相等时,pn 结两端建立起一个稳定的电势差,即光生电压。光照使 n 区和 p 区的载流子浓度增加,引起费米能级的分裂 $E_{Fn} - E_{Fp} = qV$。当 pn 结开路时,光生电压为开路电压。如果外电路处于短路状态,pn 结正向电流为零,此时外电路的电流为短路电流,这就是理想情况下的光生电流。图 5.1 示出了 pn 结太阳电池的结构、能带形式、电场与静电势分布[1]。

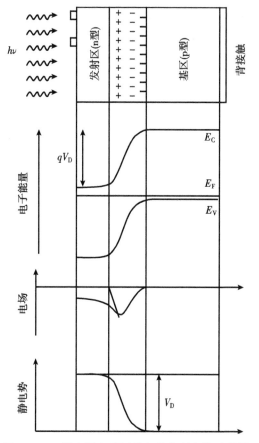

图 5.1　pn 结空间电荷区的各种物理参数示意图

5.2　太阳电池的光伏参数

作为太阳电池的光伏参数,主要有四个,即短路电流 I_{sc}(短路电流密度 J_{sc})、开路电压 V_{oc}、填充因子 FF 以及由以上三个参数所决定的转换效率 η。现分别简单讨论如下[2]。

5.2.1　短路电流

短路电流是表征太阳电池性能的一个重要光伏参数。在光照射条件下,pn 结太阳电池的短路电流共由三部分组成,即 p 区的电子流密度 J_n、n 区的空穴流密度 J_p 和空间电荷区的光电流密度 J_d。总的短路电流密度可由下式表示

$$J_{sc} = \int_{\lambda_{min}}^{\lambda_{max}} (J_n + J_p + J_d) \, d\lambda \qquad (5.1)$$

式中,λ_{max} 和 λ_{min} 是太阳光谱的最大和最小波长。对于太阳光,λ_{min} 大约为 0.3μm,而

$\lambda_{\max}$则相应于半导体吸收边的波长。该短路电流密度正比于入射光的强度,并且强烈依赖于载流子的扩散长度和表面复合速率。

在理想情况下,短路电流密度可由下式给出

$$J_{sc} = q \int_{\lambda_{\min}}^{\lambda_{\max}} \phi(1-R)\,d\lambda \tag{5.2}$$

式中,q 是电子电荷,ϕ 为入射光子的通量,R 为半导体的光反射率。很显然,为了增大短路电流密度,应该增加入射光子的通量和减小材料的光反射率。

5.2.2　开路电压

开路电压是太阳电池的另一个重要光伏参数,是太阳电池所能提供的最大电压。它可以由下式给出

$$V_{oc} = \frac{nkT}{q}\ln\left(\frac{J_{sc}}{J_0}+1\right) \tag{5.3}$$

式中,J_0 为饱和电流密度,它可以表示为

$$J_0 = qN_V N_C\left(\frac{1}{N_A}\sqrt{\frac{D_n}{\tau_n}}+\frac{1}{N_D}\sqrt{\frac{D_p}{\tau_p}}\right)e^{-E_g/kT} \tag{5.4}$$

式中,N_C 和 N_V 分别为导带和价带的有效状态密度,D_n 和 D_p 分别为电子和空穴的扩散系数,τ_n 和 τ_p 分别为电子和空穴的寿命。由式(5.3)可以看出,为了提高太阳电池的开路电压,应该增加短路电流和减小饱和电流。而由式(5.4)可以看到,为了减小饱和电流,则要求光伏材料应具有较长的载流子寿命。

开路电压的上限可以近似由下式表示

$$V_{oc} \approx \frac{E_g}{q}\left(1-\frac{T_a}{T_s}\right)+\frac{kT_a}{q}\ln\frac{T_s}{T_a}+\frac{kT_a}{q}\ln\frac{\Omega_{mc}}{4\pi} \tag{5.5}$$

式中,T_a 是太阳电池的温度,T_s 是太阳光的温度,Ω_{mc} 是太阳电池接受太阳光照射的立体角,图 5.2 示出了由 V_{oc} 和 I_{sc} 所表征的理想太阳电池的 $I\text{-}V$ 特性。

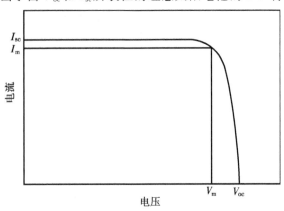

图 5.2　由 V_{oc} 和 I_{sc} 所表征的理想太阳电池的 $I\text{-}V$ 特性

5.2.3　填充因子

填充因子是由短路电流和开路电压所共同决定的一个光伏参数。由图 5.3 示出的 pn 结太阳电池在暗态和光照下的 I-V 特性曲线,可以给出其表达式,即

$$FF = \frac{V_m I_m}{V_{oc} I_{sc}} \tag{5.6}$$

式中,V_m 和 I_m 是太阳电池具有最大输出功率时的最佳工作点。

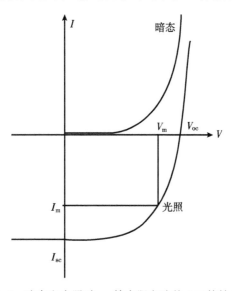

图 5.3　暗态和光照时 pn 结太阳电池的 I-V 特性曲线

由式(5.6)不难看出,FF 的值总是小于 1 的。填充因子还可以由下面的经验公式给出

$$FF = \frac{V_{oc} - \ln(V_{oc} + 0.72)}{V_{oc} + 1} \tag{5.7}$$

式中,V_{oc} 是归一化的开路电压。

5.2.4　转换效率

转换效率是表征太阳电池光伏性能的最重要光伏参数,它是太阳电池的最大输出功率与输入光功率的百分比,即

$$\eta = \frac{P_m}{P_{in}} \times 100\% \tag{5.8}$$

式中,P_m 和 P_{in} 分别为太阳电池的最大输出功率和入射光功率。而 P_m 可由下式给出

$$P_m = V_m I_m \tag{5.9}$$

式中,V_m 和 I_m 分别为太阳电池具有最大输出功率时所对应的电压和电流。

如果引入填充因子,太阳电池的输出功率可以写成

$$\eta = \frac{FF\ V_{oc}\ I_{sc}}{P_{in}} \times 100\% \qquad (5.10)$$

很显然,为了使太阳电池获得最大的转换效率,FF,V_{oc} 和 I_{sc} 都应具有最大值。转换效率与材料的禁带宽度具有密切依赖关系,当禁带宽度在 $1.4\sim1.6\text{eV}$ 时,AM1.5 照射强度下的太阳电池具有最大的转换效率,其值为~30%,图 5.4 示意给出了太阳电池的最大输出功率随电压的变化。

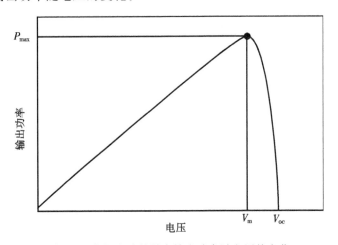

图 5.4　太阳电池的最大输出功率随电压的变化

5.3　太阳电池的转换效率

5.3.1　理想转换效率

对于一个典型的 pn 结太阳电池,它仅有一个单能隙 E_g。当电池受到能量为 $h\nu > E_g$ 的光照后,光子能量将会被电池所吸收,并贡献一个光生电子-空穴对,从而对光生电流和光生电压产生贡献。所谓理想转换效率,是在不考虑各种能量损失的前提下,由计算得到的转换效率。为了计算 pn 结太阳电池的理想转换效率,首先考虑一个如图 5.5所示的电流等效电路。图中的 I_L 为光生电流,I_0 为饱和电流,R_L 为负载电阻。

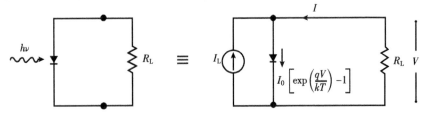

图 5.5　pn 结太阳电池的电流等效电路

为了计算光生电流 I_L,需要在整个太阳光谱范围对光子能量进行积分,故有下式

$$I_\mathrm{L}(E_\mathrm{g}) = Aq \int_{h\nu=E_\mathrm{g}}^{\infty} \frac{\mathrm{d}\phi_\mathrm{ph}}{\mathrm{d}(h\nu)} \mathrm{d}(h\nu) \tag{5.11}$$

式中,ϕ_ph 为光子流密度,q 为电子电荷,A 为器件面积。图 5.6 是由计算得到的光子流密度 ϕ_ph 与半导体禁带宽度 E_g 的关系。可以看出,从光生电流角度而言,随着 E_g 的减小光子流密度急剧增加,这是由于此时会有更多光子被收集的缘故。

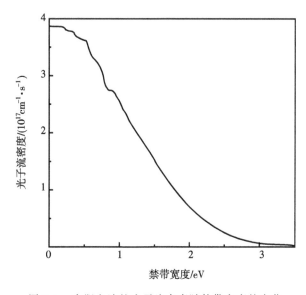

图 5.6　太阳电池的光子流密度随禁带宽度的变化

在光照条件下,pn 结太阳电池的 I-V 特性可由下式给出[3]

$$I = I_0 \left[\exp(\frac{qV}{kT}) - 1 \right] - I_\mathrm{L} \tag{5.12}$$

令 $I=0$,由式(5.12)可以得到开路电压

$$V_\mathrm{oc} = \frac{kT}{q} \ln\left(\frac{I_\mathrm{L}}{I_0} + 1\right) \approx \frac{kT}{q} \ln\left(\frac{I_\mathrm{L}}{I_0}\right) \tag{5.13}$$

式中,I_0 为太阳电池的饱和电流。因此,对于一个给定的 I_L,V_oc 将随 I_0 的减小而呈对数增加。按照半导体 pn 结理论,理想饱和电流可由下式表示

$$I_0 = AqN_\mathrm{C}N_\mathrm{V} \left(\frac{1}{N_\mathrm{A}} \sqrt{\frac{D_\mathrm{n}}{\tau_\mathrm{n}}} + \frac{1}{N_\mathrm{D}} \sqrt{\frac{D_\mathrm{p}}{\tau_\mathrm{p}}} \right) \exp\left(\frac{-E_\mathrm{g}}{kT} \right) \tag{5.14}$$

式中,A 为太阳电池的面积,N_C 和 N_V 分别为半导体材料导带底与价带顶的有效状态密度,N_A 和 N_D 分别为受主和施主的掺杂浓度。从式(5.14)可以看出,I_0 将随 E_g 的增加呈指数减小。换言之,为了获得较大的 V_oc,需要有一个相对较大的 E_g。

太阳电池的输出功率可由下式表示

$$P = IV = I_0 V\left[\exp\left(\frac{qV}{kT}\right) - 1\right] - I_L V \qquad (5.15)$$

为了使太阳电池获得最大输出功率,需要给出最大 I_m 和 V_m 的值,它们可分别由以下二式表示

$$I_m = I_0 \beta V_m \exp(\beta V_m) \approx I_L\left(1 - \frac{1}{\beta V_m}\right) \qquad (5.16)$$

和

$$V_m = \frac{1}{\beta}\ln\left[\frac{(I_L/I_0) + 1}{1 + \beta V_m}\right] \approx V_{oc} - \frac{1}{\beta}\ln(1 + \beta V_m) \qquad (5.17)$$

以上二式中,$\beta \equiv q/kT$。于是,最大输出功率可由下式表示

$$P_m = I_m V_m = (FF) I_{sc} V_{oc} \approx I_L\left[V_{oc} - \frac{1}{\beta}\ln(1 + \beta V_m) - \frac{1}{\beta}\right] \qquad (5.18)$$

在实际情形中,填充因子的最大值一般为 0.8 左右。

太阳电池的理想转换效率可由最大输出功率与入射光功率的比给出,即

$$\eta = \frac{P_m}{P_{in}} = \frac{I_m V_m}{P_{in}} = \frac{V_m^2 I_0 (q/kT) \exp(qV_m/kT)}{P_{in}} \qquad (5.19)$$

图 5.7 是在温度为 300K 和 1000sun 光照射强度下,由计算得到的各种太阳电池的理想转换效率。可以看出,在 $E_g = (0.8 \sim 1.4)\text{eV}$ 的能量范围内,太阳电池可以获得相对较高的理想转换效率。当太阳光照射强度为 1sun 时,GaAs 太阳电池的峰值转换效率为 31%。而在 1000sun 光照射条件下,其峰值转换效率为 37%。

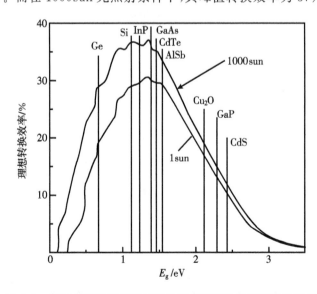

图 5.7　各种太阳电池的理想转换效率随材料禁带宽度的变化

5.3.2 S-Q 极限转换效率

S-Q 极限效率是根据热力学细致平衡原理,理论计算得到的 pn 结太阳电池的转换效率[4]。对于一个理想的光电转换过程,应满足下列假设条件:①太阳电池材料的禁带宽度 $E_g > kT_a$,其中 T_a 为太阳电池的温度,而且电池应有足够厚度以吸收光子能量范围为 $E_g \to \infty$ 的全部光子;②当电池吸收能量 $h\nu > E_g$ 的光子后,产生一个电子-空穴对的概率必须为 1,而且导带和价带的光生载流子与太阳电池的温度应处于一个准热平衡状态;③光生载流子应实现完全的分离,并无损失地进行输运而被收集到输出端;④系统满足细致平衡原理,辐射复合为电池的唯一载流子复合机制;⑤电池应具有理想的欧姆接触,即表面复合电流为零。

若定义 $N(E_1, E_2, T, \mu)$ 为在 $E_1 \sim E_2$ 能量范围内的最大吸收或发射光子流密度,T 为黑体辐射温度,μ 为化学势,则有

$$N(E_1, E_2, T, \mu) = \int_{E_1}^{E_2} Q(E, T, \Delta\mu)\mathrm{d}E = \frac{2F_s}{h^3 c^2} \int_{E_g}^{\infty} \left[\frac{E^2}{\mathrm{e}^{(E-qV)/kT} - 1} \right] \mathrm{d}E \quad (5.20)$$

在光生电子-空穴对产生率为 1 的假设下,如果表面没有反射,那么相应的等效光电流密度为

$$J_{ph}(V) = qN_s = q\int_{E_g}^{\infty} Q_s(E)\mathrm{d}E = q\frac{2F_s}{h^3 c^2} \int_{E_g}^{\infty} \left[\frac{E^2}{\mathrm{e}^{(E-qV)/kT_s} - 1} \right] \mathrm{d}E \quad (5.21)$$

根据细致平衡原理,由辐射复合贡献的电流就是在无光照下的暗电流,即

$$J_{re}(E) = qN_r = q\int \left[Q_{ce}(E, \Delta\mu) - Q_{ce}(E, 0) \right] \mathrm{d}E \quad (5.22)$$

而

$$Q_{ce}(E, \Delta\mu) = \frac{2n_s^2 F_c}{h^3 c^2} \left[\frac{E^2}{\mathrm{e}^{(E-\Delta\mu)/kT_a} - 1} \right] \quad (5.23)$$

由此可以得到

$$J_{re}(V) = qN_r = q\frac{2n_s F_c}{h^3 c^2} \int_{E_g}^{\infty} \left[\frac{E^2}{\mathrm{e}^{(E-\Delta\mu)/kT_a} - 1} - \frac{E^2}{\mathrm{e}^{E/kT_a} - 1} \right] \mathrm{d}E \quad (5.24)$$

于是,太阳电池的 S-Q 极限效率可以由下式给出

$$\eta = \frac{V[J_{ph}(V) - J_{re}(V)]}{\sigma T_s^4} \quad (5.25)$$

以上各式中,N_s 为光子流密度,N_r 为辐射复合光子流密度,T_a 和 T_s 分别为太阳电池温度和太阳表面温度,F_s 和 F_c 为几何因子,σ 为斯特藩-玻尔兹曼常量。图 5.8 是由计算得到的理想太阳电池的 S-Q 极限效率与材料禁带宽度的依赖关系。可以看出,在全聚光条件下的极限效率可高达 40.7%。

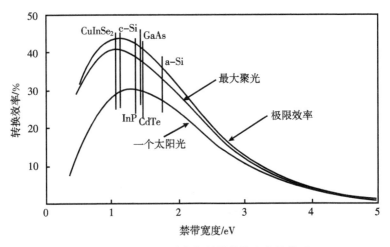

图 5.8　S-Q 极限效率与材料禁带宽度的关系

5.3.3 实际转换效率

以上所讨论的 S-Q 极限效率,是在具有各种理想假设前提下,由理论计算得到的转换效率值。而对于一个实际的太阳电池,其转换效率是受着诸多内在与外在因素影响的。例如,对于电阻损失,除了外负载电阻 R 之外,还应考虑串联电阻 R_s 和分流电阻 R_{sh}。前者可以产生接触电阻损失,后者将对漏电流产生贡献。这样,pn 结太阳电池的 I-V 特性可由下式表示[5]

$$\ln\left(\frac{I+I_L}{I_0} - \frac{V-IR_s}{I_0R_{sh}} + 1\right) = \frac{q}{kT}(V - IR_s) \qquad (5.26)$$

此外,pn 结耗尽区中的复合电流对太阳电池的 I-V 特性有着重要影响,它可以使S-Q 极限转换效率进一步降低。复合电流 I_{re} 可以由下式给出

$$I_{re} = I_0\left[\exp\left(\frac{qV}{2kT}\right) - 1\right] \qquad (5.27)$$

无疑,太阳电池的实际转换效率远低于其 S-Q 极限效率。换句话说,为了大幅度提高太阳电池的转换效率,需要在太阳电池的光谱吸收波长、材料生长工艺、器件结构形式以及电极引线制备等多方面进行统筹优化考虑。

5.4　太阳电池的能量损失

在太阳电池中存在着各种能量损失过程。早在 1984 年,Tieje 等[6] 就分析与讨论了各种损失对太阳电池光伏性能的影响。例如,对于晶体厚度为 $100\mu m$ 的 Si 太阳电池,如果吸收的太阳光能全部转换成光生电流,其值为 $42.2mA$。但是,由于在

太阳电池中各种损失过程的存在,最终外电路获得的光生电流为 41.1mA。其中,俄歇复合损失为 0.09mA,外部发光损失为 0.2mA,内部发光损失为 0.4mA,自由载流子吸收损失为 0.02mA,体内载流子复合损失为 0.2mA。图 5.9(a)和(b)分别示出了厚度为 100μm 的晶体 Si 太阳电池中的各种损失过程和转换效率与晶片厚度的关系。

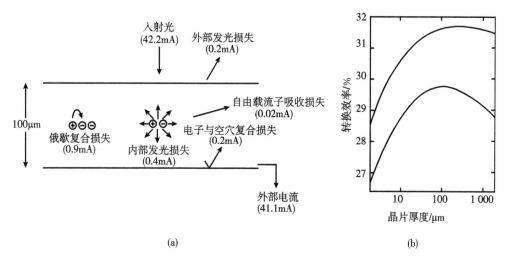

图 5.9　晶体 Si 太阳电池的各种损失过程(a)和转换效率与 Si 晶片厚度的关系(b)

5.4.1　电池表面光吸收与光反射的损失

如前所述,当入射光照射到太阳电池表面时,只有特定波长的光子能量才会被吸收,并产生一对电子和空穴,此后它们通过输运被电极收集,从而对转换效率产生贡献。小于此波长的光子能量将因热弛豫的形式变“冷”,这将无谓地被损失掉。该事实说明,入射光的吸收波长与材料的禁带宽度密切相关。换言之,只有当入射光子能量与材料禁带宽度相匹配时,才能使其得到合理而充分的利用。理论计算指出,在 $E_g = 0.8 \sim 1.6$ eV 的能量范围内,太阳电池具有较高的转换效率,图 5.10 示出了各种半导体太阳电池最高转换效率的理论值与材料禁带宽度的依赖关系。由图可以看出,具有不同禁带宽度的材料,其最高转换效率亦不相同。很显然,$E_g = 1.12$ eV 的单晶 Si 和 $E_g = 1.42$ eV 的单晶 GaAs 最适合于太阳电池的设计与制作,因为采用它们制作的太阳电池可以获得更高的转换效率。

为了充分利用整个太阳光谱范围的光子能量,以使太阳电池获得最高的转换效率,人们已进行了大量卓有成效的研究。对于低能光子,主要思路是如何进一步拓宽太阳电池的波长吸收范围。为此,提出了两种技术方案:一种是采用量子阱结构,利用多量子阱所具有的带隙可调谐特性,增加器件有源区的光吸收波长,这就是所谓的

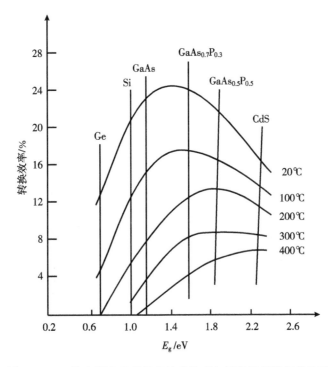

图 5.10　pn 结太阳电池的最高转换效率与材料禁带宽度的关系

量子阱太阳电池;另一种是在基质半导体的禁带中引入中间带半导体,通过能量上转换效应,使红外部分的光子能量得到有效利用,这就是所谓的中间带太阳电池;就高能光子来说,可以利用能量下转换效应,使光生电子-空穴对产生之后的剩余能量在变"冷"之前,通过多激子产生效应或热载流子效应,使高能光子得到最充分利用,这就是正在构建的量子点多激子太阳电池和热载流子太阳电池[7]。

　　入射光子的能量损失还体现在光反射方面。例如,当入射光照射到太阳电池表面时,由于在表面处存在反射,将使被吸收的光子数少于入射的光子数,这是太阳电池转换效率降低的另一个重要因素。反射光的百分比取决于光的入射角度和材料的介电常数。假设光垂直入射,则反射比由下面的光学定律给出

$$R = \frac{(n-1)^2 + (\lambda\alpha/4\pi)^2}{(n+1)^2 + (\lambda\alpha/4\pi)^2} \tag{5.28}$$

式中,$n = n_2/n_1$,n_1 和 n_2 分别为空气和半导体的折射率,α 为半导体的吸收系数。在单晶 Si 光伏电池中,反射光的比例大约为 30%。

5.4.2　体内与表面载流子复合的损失

　　人们知道,在各种半导体材料中都存在着一定数量的杂质和缺陷,它们将在材料

的禁带中产生相应的杂质能级和缺陷能级,从而起着一种有效的复合中心作用。电子和空穴在其输运过程中将通过它们发生复合,这将对半导体器件的特性产生不利影响。对于 pn 结太阳电池,它们将使载流子扩散长度减小,从而使少数载流子寿命降低。当光生载流子的扩散长度小于器件有源区厚度时,会导致饱和电流增加,这将使太阳电池的开路电压降低。

图 5.11 示出了太阳电池的开路电压 V_{oc}、短路电流 I_{sc} 和填充因子 FF 随少子寿命的变化[8]。由图可以看出,随着少子寿命的增加,V_{oc} 和 FF 均呈线性增加趋势。而当少子寿命从 10^{-6}s 增加到 3×10^{-5}s 时,I_{sc} 值则有一个明显的增加。为了获得长载流子寿命和高载流子迁移率,制备高质量的光伏材料至关重要。

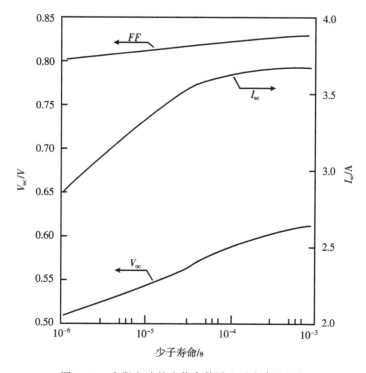

图 5.11　太阳电池的光伏参数随少子寿命的变化

半导体的表面与界面对半导体器件特性的影响是不言而喻的。半导体表面处的杂质,特有的表面缺陷以及原子价键在表面处的中断,都会在半导体的禁带形成复合中心能级。载流子通过它们发生复合,将会直接影响到器件的性能,这就是所谓的表面复合。对于太阳电池,影响表面复合过程的一个主要物理参数是背表面复合速度。图 5.12 示出了电池背表面复合速度对太阳电池光伏性能的影响。很显然,当表面复合速度从 $10^{0}\sim10^{3}$cm/s 变化时,V_{oc} 和 I_{sc} 均呈单调下降趋势[9]。

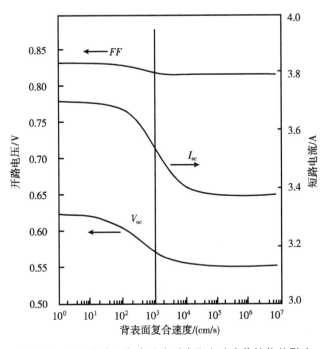

图 5.12　电池背表面复合速度对太阳电池光伏性能的影响

5.4.3　寄生与串联电阻的损失

在前面的有关章节中,我们已经简单讨论了寄生电阻对太阳电池转换效率的影响,它主要来源于电池本身的体电阻、前电极和金属栅线的接触电阻,栅线之间横向电流对应的电阻,背电极的接触电阻以及金属引线本身的电阻等,图 5.13(a)和(b)分别示出了串联电阻 R_s 和分流电阻 R_{sh} 对太阳电池光生电流的影响。可以看出,当

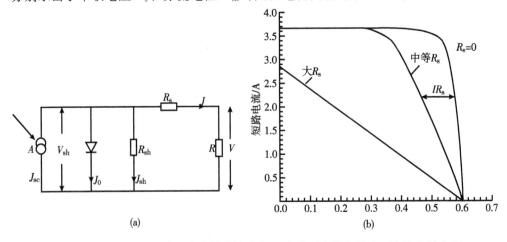

图 5.13　具有串联电阻太阳电池的等效电路(a)与其对太阳电池 I-V 特性的影响(b)

电池处于开路状态时,串联电阻 R_s 不影响开路电压。当短路电流值为零时,它使输出终端有一压降 IR_s,此时串联电阻对填充因子有明显影响。串联电阻越大,短路电流的降低将会越加显著[10]。

当考虑到串联电阻 R_s 和分流电阻 R_{sh} 后,太阳电池的电流密度可由下式表示

$$J(V) = J_{sc} - J_0\{\exp[q(V + AJ(V)R_s)/kT_a] - 1\} - \frac{V + AJ(V)R_s}{AR_{sh}} \quad (5.29)$$

式中,J_{sc} 和 J_0 分别为太阳电池的短路电流密度和饱和电流密度,A 为太阳电池的面积,T_a 为太阳电池的温度。

5.4.4　减少太阳电池能量损失的优化措施

对于 Si-pn 结太阳电池,为了改善其光伏性能,需要尽量减少各种能量损失过程,这就需要在以下几个方面进行优化设计:①优化表面光子能量吸收。采用减反射膜措施可以增加入射光在前表面的折射和减小反射,这可以通过对表面进行织构加以实现,因为金字塔绒面或倒金字塔绒面能够使入射光发生多次反射和折射,从而使其光学厚度得以增加。采用激光刻槽埋栅,可以使栅线变得更窄,由此减少了表面遮蔽,同时增加了光吸收和载流子收集面积。②优化载流子输运。适当控制施主和受主掺杂浓度,可减少陷阱对载流子的复合,由此实现对光生载流子的有效分离。背面点接触可以减少冶金界面引起的表面复合,而对前表面和背表面进行 SiO$_2$ 钝化,也可以进一步减少表面复合。③串联电阻的优化。通过对串联电阻进行优化设计,可以实现高效的载流子输运。例如,若适当减小施主掺杂浓度,将会改善 n 型发射极载流子收集,并提高其蓝光响应特性。而如果适当增加施主掺杂浓度,可以增加内建电压,并由此使串联电阻得以减少,这就需要在施主掺杂浓度方面进行折中考虑。

5.5　具有本征层的 p-i-n 结构太阳电池

5.5.1　p-i-n 结构的光伏优势

由前面的讨论可以看到,无论是在发射区还是基区激发的光生载流子,都要扩散到空间电荷区中并实现电荷的分离,才能对光电流产生贡献。因此,对于光伏器件而言,载流子扩散长度越大越好。换言之,对于载流子具有较大扩散长度的光伏材料,可以采用 pn 结作为光吸收有源区而制作太阳电池。

然而,对于扩散长度较小的材料很难用 pn 结实现有效的光电转换。此时,如果在 p 区和 n 区之间设置一个本征 i 层以形成 p-i-n 结构,可以恰到好处地解决这一问题,因为 i 层的引入可以使内建电场在 i 层中进行扩展。与 p 区和 n 区的高掺杂相

比;i层电导率较低,因此空间电荷区厚度将基本上落入i层,甚至会展宽到整个i层中。在光照射下,光子被足够的i层所吸收,光生载流子在内建电场作用下发生分离,并漂移到边界。由于p区和n区很薄,少数载流子很容易通过p区和n区,最后由电极所收集,图5.14示出了一个p-i-n结构的能带形式图[12]。

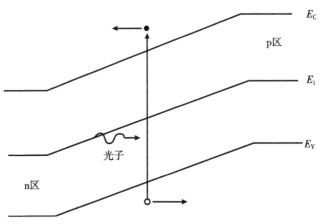

图 5.14　p-i-n 结构太阳电池的能带示意图

5.5.2　内建电场的作用

对于单晶材料,一般具有较大的载流子扩散长度。而对于具有无序结构的非晶态半导体,载流子扩散长度很小,因而在pn结电池中很难有效地输运和分离光生载流子。采用p-i-n结构,依靠在这种结构中所产生的内建电场,可以帮助光生载流子进行快速输运和收集。这就意味着,在p-i-n结构中,载流子的输运过程是漂移运动,而不是扩散运动,图5.15(a)和(b)分别示出了p-i-n结构和pn结内建电场分布形

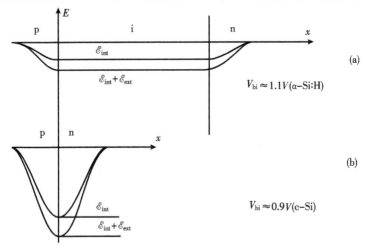

图 5.15　p-i-n 结构(a)和 pn 结(b)的电场分布形式

式。图中的 V_{bi} 为内建电压,$\mathscr{E}_{int}$ 是零偏置下的内建电场,$\mathscr{E}_{ext}$ 为有外加偏压时的附加电场,且有 $\mathscr{E} = \mathscr{E}_{int} + \mathscr{E}_{ext}$。

由于内建电场的作用,将会在 i 层中产生一个漂移长度

$$L_{drift} = \mu \tau \mathscr{E} \tag{5.30}$$

式中,μ 为载流子迁移率,τ 为载流子寿命,$\mathscr{E}$ 为电场强度。对于一个给定的 $\mathscr{E}$ 值,电子和空穴将具有一个近似相等的漂移长度值。研究发现,在太阳电池短路条件下,载流子的漂移长度等于少数载流子扩散长度的 10 倍。

5.5.3 内建电场的形成

一个 p-i-n 结构的热平衡是由 p 区和 n 区的空间电荷区建立的,而空间电荷是由电离的掺杂原子所提供,图 5.16(a)～(d)分别示出了 p-i-n 结构、电子和空穴的扩散、电荷分布与内建电场的分布形式[13]。在均匀掺杂的 p 区,空间电荷由受主负离子 N_A^- 提供,它由自由空穴 p_f 和陷阱空位 p_t 所补偿,且有

$$N_A^- = p_f + p_t \tag{5.31}$$

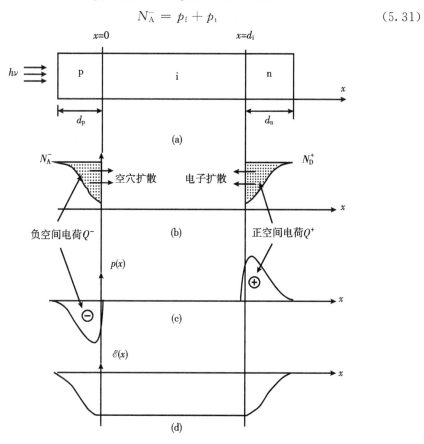

图 5.16 p-i-n 结构示意图(a)、电子和空穴的扩散(b)、电荷分布(c)与内建电场(d)

类似地,在均匀掺杂的 n 区,空间电荷由施主正离子 N_D^+ 提供,它由自由电子 n_f 和陷阱电子 n_t 所补偿,故有

$$N_D^+ = n_f + n_t \tag{5.32}$$

正如图 5.16(b)和(c)所示,在 p 区具有负空间电荷 Q^-,在 n 区具有正空间电荷 Q^+,内建电场将在这两个区域之间构成。对于一个理想的 p-i-n 结构,i 层自身将不包含任何有效的电荷分布,电场也将是一个常数。

为了设计性能良好的太阳电池,应该使内建电场 $\mathscr{E}_i$ 有一个相对较大的值。$\mathscr{E}_i$ 可由下式给出

$$\mathscr{E}_i = -(V_{bi}/d_i) \tag{5.33}$$

式中,d_i 为本征层的厚度,V_{bi} 为内建电压,对于 α-Si∶H 薄膜,d_i 可选择在 200～300nm。对于 μc-Si∶H 薄膜,d_i 可选择为几个微米。

5.5.4　p-i-n 结构太阳电池的外量子效率

图 5.17(a)和(b)示出了不同情形下的 p-i-n 结构的 μc-Si∶H 太阳电池的外量子效率。由图 5.17(a)可以看出,对于一个 p 型区太阳电池,当内建电压为 −2V 时,在500～700nm 波长范围的外量子效率值可高达 80%。由图 5.17(b)可以看出,对于一个没有沾污的 p-i-n 结构太阳电池,在 400～800nm 的一个相对较宽的光谱范围,都有着良好的光吸收特性。在 500～700nm 波长范围,其外量子效率可超过 80%。

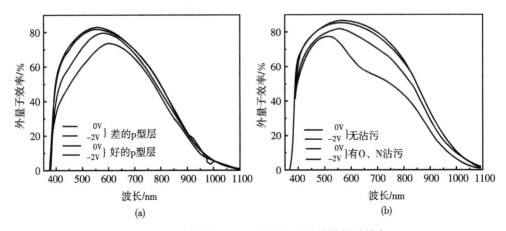

图 5.17　不同条件下 p-i-n 结太阳电池的外量子效率

5.5.5　p-i-n 结构太阳电池的 *J-V* 特性

p-i-n 结构太阳电池的 *J-V* 特性可由下式表示

$$J(V) = J_0[\exp(qV/kT) - 1] - J_G + J_R \tag{5.34}$$

式中,J_0 为饱和电流密度,J_G 和 J_R 分别为在本征层中产生的电流密度和复合电流

密度。而 J_G 和 J_R 可分别由以下二式给出

$$J_G = qd_i(G_{opt} + G_{th} + A_B n_i) \qquad (5.35)$$

$$J_R = qd_i B_B n_i^2 \exp(qV/kT) \qquad (5.36)$$

式中，d_i 为本征层厚度，n_i 为本征平衡载流子密度，G_{opt} 和 G_{th} 分别为本征层中的平均光产生速率和热产生速率，A_B 为非辐射系数，B_B 为载流子复合系数，而且有

$$G_{th} = B_B n_i^2 \qquad (5.37)$$

$$qd_i G_{opt} = q\phi_{ph} \qquad (5.38)$$

式中，ϕ_{ph} 为入射光子流密度。利用以上各式可以得到

$$J(V) = J_0(1+\beta)[\exp(qV/kT) - 1] + J_I[\exp(qV/2kT) - 1] - q\phi_{ph} \qquad (5.39)$$

式中

$$\beta = \frac{qd_i B_B n_i^2}{J_0} \qquad (5.40)$$

$$J_I = qd_i A_B n_i \qquad (5.41)$$

图 5.18 示出了 AlGaAs/GaAs p-i-n 太阳电池的 J-V 特性。可以看出，随着禁带宽度的增加，短路电流密度将随之减小，这是由于此时复合电流增加的缘故。

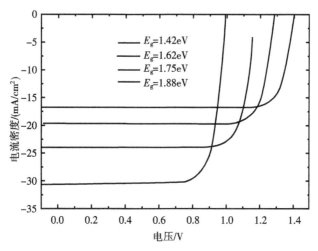

图 5.18　AlGaAs/GaAs p-i-n 结构太阳电池的 J-V 特性

5.6　背接触太阳电池

背接触太阳电池(IBC)主要是为了太阳电池能在强聚光条件下应用而设计和制作的。该太阳电池主要有以下两个特点：①由于在电池的背面设置了一个金属电极，这样可以有效消除正面电极的光遮蔽效应；②该电池易于实现正面电极和背面电极的优化设计，以此能够有效增加太阳电池的量子效率和减小载流子复合。

5.6.1　器件结构类型

　　作为背接触太阳电池的器件结构通常有如下三种形式：①正表面场（FSF）太阳电池。这是一个在电池的正面具有一个 n^+/n 或 p^+/p 结的太阳电池，如图 5.19(a) 所示，这种电池的主要特点是能够减小表面载流子复合速率，有利于光载流子的产生。②串联结（TJ）太阳电池。这是一个由浮置 pn 结替代 n^+/n 或 p^+/p 结构的太阳电池，该电池的主要特点是可以减小加在浮置 pn 结上的电压和具有较低的复合电流，如图 5.19(b) 所示。③点接触太阳电池。这是一个在电池背面具有较小发射极面积和电极接触面积的太阳电池，它的主要特点是可以使太阳电池能在较强聚光条件下使用，从而获得较高的转换效率，图 5.19(c) 示出了该电池的器件结构。

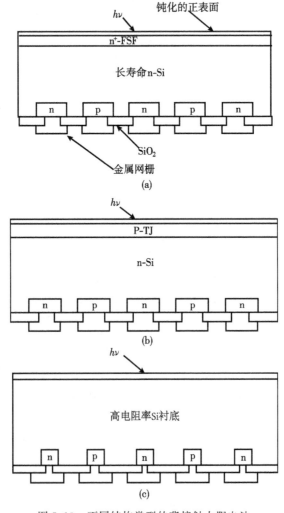

图 5.19　不同结构类型的背接触太阳电池

5.6.2　电流输运模型

在背接触太阳电池中,其总电流可由下式给出[14]

$$I = I_{ph} - I_{b,rec} - I_{s,rec} - I_{em,rec} \tag{5.42}$$

式中,I_{ph} 为光产生电流,即在确定晶片厚度的太阳电池中产生的最大光电流。$I_{b,rec}$ 为体内复合电流的总和,其中包括 SRH 复合与俄歇复合。$I_{s,rec}$ 是所有表面复合电流的总和。$I_{em,rec}$ 为所有电极复合电流的总和,其中包括背发射极、正发射极和接触电极的复合。

在开路条件下,光生电流为所有的复合电流之和,即有

$$I_{ph} = I_{b,rec} + I_{s,rec} + I_{em,rec} \tag{5.43}$$

而短路电流密度可由下式表示

$$J_{sc} = J_{ph} - \frac{qn_0 d}{2\tau} - qn_0 s_0 \tag{5.44}$$

式中,n_0 为正表面电子浓度,d 为晶片厚度,τ 为载流子寿命,s_0 为正表面的载流子复合速率。

在通常的太阳电池中,开路条件下的电子和空穴浓度相等,于是有

$$V_{oc} = \frac{2kT}{q}\ln\left(\frac{n}{n_i}\right) \tag{5.45}$$

由此可以得到,背接触太阳电池的光生电流密度表达式

$$J_{ph} = \frac{qnd}{\tau} + qn^3 dD_a + qns_0 + qns_{back}(1 - A_n - A_p) + \frac{n^2}{n_i^2}(A_n J_{on} + A_p J_{op}) \tag{5.46}$$

式中,J_{on} 和 J_{op} 分别为 n 区和 p 区的饱和电流密度,A_n 和 A_p 分别为 n 型和 p 型发射极的覆盖面积,s_{back} 为背表面复合速率,而 D_a 可由下式给出

$$D_a = \frac{2D_n D_p}{D_n + D_p} \tag{5.47}$$

式中,D_n 和 D_p 分别为电子与空穴的扩散系数。

参 考 文 献

[1] 刘恩科,朱秉升,罗晋生. 半导体物理学. 4 版. 北京:国防工业出版社,1994

[2] 彭英才,于威,等. 纳米太阳电池技术. 北京:化学工业出版社,2010

[3] Sze M S, Kwok K Ng. Physics of Semiconductor Devices. 3rd Edition. New Jersey: John wiley & Sons, Inc. ,2007

[4] Shockley W, Quisser H J. Detailed balance limit of efficiency of pn junction solar cells. J. Appl. Phys. ,1961,32:510

[5] Prince M B. Silicon solar energy converters. J. Appl. Phys. , 1955, 26:534

[6] Tiedje T, Yablonvitch E, Cody G, et al. Limiting efficiency of silicon solar cells. IEEE Trans. Electron Devices, 1984, 31(5): 711-716

[7] 彭英才, 傅广生. 新概念太阳电池. 北京: 科学出版社, 2014

[8] Gray J L. Handbook of photovoltaic science and engineering. Steven Hegedus: John Wiley & Sons Ltd, 2002

[9] 孟庆巨, 刘海波, 孟庆辉. 半导体器件物理. 北京: 科学出版社, 2005

[10] 熊绍珍, 朱美芳. 太阳能电池基础与应用. 北京: 科学出版社, 2009

[11] Nelson J. 太阳能电池物理. 高扬, 译. 上海: 上海交通大学出版社, 2011

[12] Luque A, Hegedus S,等. 光伏技术与工程手册. 王文静, 李海玲, 周春兰,等,译. 北京: 机械工业出版社, 2011

[13] McEvoy A. 实用光伏手册-原理与应用(上)(英文影印本). 北京: 科学出版社, 2013

[14] Swanson R M. Point-contact solar cells: Modeling and experiment. Solar Cells, 1986, 17:85

第6章 多结叠层太阳电池

从前面的讨论中我们看到,入射光子的能量损失是造成太阳电池转换效率难以提高的一个重要原因。因为半导体的光谱响应取决于材料的禁带宽度,小于禁带宽度的光子能量不能使电子从价带跃迁到导带,只有大于禁带宽度的光子能量才能激发载流子的带间跃迁。另外,大于禁带宽度的光子能量,其中有一部分最终又将以热的方式被耗散掉。也就是说,由于低端光子和高端光子的能量均不能得到充分利用,单带隙 pn 结太阳电池的转换效率相对较低。为此,人们发展了将多个 pn 结串接在一起形成的所谓多结叠层太阳电池,由此进一步拓宽了太阳电池对太阳光谱的能量吸收范围,从而使其转换效率得以大幅度提高。

本章首先介绍多结太阳电池的工作原理与 J-V 特性,然后讨论多结太阳电池的隧穿结特性,温度对其光伏特性的影响,以及提高转换效率的优化措施等。最后,简单介绍几种单片Ⅲ-Ⅴ族叠层太阳电池及其光伏性能。

6.1 多结太阳电池的光谱吸收

多结太阳电池是将具有不同禁带宽度材料制成的由若干个子电池组合在一起所构成的串联式太阳电池,其中的每一个子电池仅吸收与其禁带宽度相匹配波段的光子能量。换言之,多结太阳电池对太阳光谱能量的吸收和转换等于各子电池吸收与转换的总和。因此,它比单结太阳电池都更能充分和更有效地吸收太阳光能,从而使其达到大幅度提高转换效率的目的。

现以一个三结太阳电池为例,具体说明多结太阳电池的光谱吸收原理[1]。选取三种不同的半导体材料,其禁带宽度分别为 E_{g1}、E_{g2} 和 E_{g3},并且有 $E_{g1} > E_{g2} > E_{g3}$。如果将这三种材料以串联方式连续制作出三个子电池,便会形成一个三结太阳电池。禁带宽度为 E_{g1} 的顶电池吸收大于 E_{g1} 的光子能量,中间电池吸收 $E_{g1} \geqslant h\nu_2 \geqslant E_{g2}$ 的光子能量,而底电池则吸收 $E_{g2} \geqslant h\nu_3 \geqslant E_{g3}$ 的光子能量。显而易见,这种三结太阳电池对太阳光谱能量的吸收,比任何一种单结太阳电池都有效得多。可以说,多结太阳电池是一种能够最直接和最便当地拓宽对太阳光谱能量吸收的光伏器件。人们预测,在目前所研究与开发的各类新概念太阳电池中,多结叠层太阳电池在实用化方面将会捷足先登。图 6.1 示出了一个四结太阳电池的光谱吸收原理。

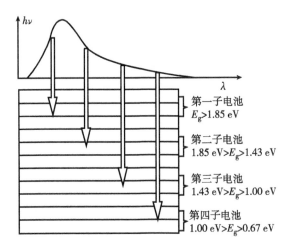

图 6.1 四结太阳电池的光谱吸收原理示意图

6.2 多结太阳电池的转换效率

毋庸置疑,构成多结太阳电池的子电池数量越多,它所达到的转换效率也会越高。理论计算指出,在 1sun 的照射条件下,具有 1、2、3 和 36 个不同禁带宽度太阳电池的极限转换效率分别为 37%、50%、56% 和 72%。图 6.2(a) 是多结太阳电池的理论转换效率与 pn 结数量的关系[2]。由图可以看出,多结太阳电池的转换效率远高于单结太阳电池。例如,对于一个四结太阳电池来说,在非聚光条件下的转换效率约为45%,而在聚光条件下的转换效率可高达 55% 以上。此外,由该图还可以看出,随着电池数量继续增加,转换效率将会进一步提高。但是,从太阳电池的制作技术而言,

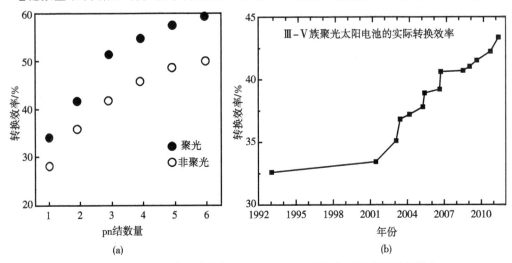

图 6.2 多结太阳电池的理论转换效率(a)和Ⅲ-Ⅴ太阳电池的实际转换效率(b)

随着子电池数量的增加,其工艺难度也将进一步加大,这势必影响到材料和器件的质量,反而会降低多结太阳电池的转换效率。图 6.2(b)是Ⅲ-Ⅴ族化合物多结太阳电池在聚光条件下所获得的实际转换效率[3]。例如,1993 年 GaInP/GaAs/Ge 三结太阳电池转换效率为 32%。从 1993~2001 年的近十年间,Ⅲ-Ⅴ化合物太阳电池的转换效率一直徘徊在 32% 左右。而从 2001 年之后,其转换效率则迅速攀升。到了 2011 年,GaInP/GaAs/GaInNAs 三结太阳电池的转换效率已稳步上升到了 43%。

6.3　多结太阳电池的 $J\text{-}V$ 特性

6.3.1　短路电流密度

对于一个由两个子电池构成的双结太阳电池,设顶电池接收到的太阳光通量为 ϕ_t,那么底电池接收到的太阳光通量为

$$\phi_b = \phi_t \exp[-\alpha_t(\lambda)d_t] \tag{6.1}$$

式中,$\alpha_t(\lambda)$ 和 d_t 分别为顶电池的吸收系数和有源区厚度。假定底电池足够厚,它能够吸收所有入射大于禁带宽度的光子能量,那么顶电池和底电池所获得的短路电流密度分别为

$$J_{sct} = q\int_0^{\lambda_t} \{1 - \exp[-\alpha_t(\lambda)d_t]\}\phi_t(\lambda)\mathrm{d}\lambda \tag{6.2}$$

$$J_{scb} = q\int_0^{\lambda_b} \exp[-\alpha_t(\lambda)d_t]\phi_t(\lambda)\mathrm{d}\lambda \tag{6.3}$$

以上二式中,$\lambda_t = hc/E_{gt}$,$\lambda_b = hc/E_{gb}$,E_{gt} 和 E_{gb} 分别为顶电池和底电池的禁带宽度。J_{sct} 与 J_{scb} 之和应为双结太阳电池的总短路电流密度 J_{sc}。

6.3.2　$J\text{-}V$ 特性

对于一个由 m 级子电池串联构成的多结太阳电池而言,若第 i 个电池的 $J\text{-}V$ 特性用 $V_i(J)$ 描述,则串联后的 $J\text{-}V$ 特性可由下式表示,即

$$V(J) = \sum_{i=1}^m V_i(J) \tag{6.4}$$

这意味着,在给定电流下的电压等于所有子电池的电压之和。每一个独立的子电池都有自己的最大功率点 $|V_{mpi}, J_{mpi}|$,最大功率点下的 $J \times V_i(J)$ 最大。然而,在这种多结串联电池中,只有每一个子电池的 J_{mpi} 都相同时,才会使每一个子电池都能工作在最大功率点。在这种情形下,多结太阳电池的最大输出功率就是每一个子电池的最大输出功率 $V_{mpi} \cdot J_{mpi}$ 之和。图 6.3 示出了一个由理论模拟给出的 GaInP/GaAs 双结串联太阳电池的 $J\text{-}V$ 特性曲线[4]。

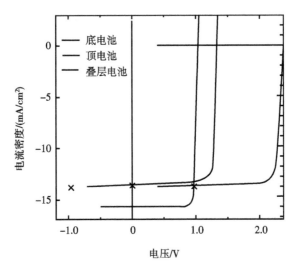

图 6.3　GaInP/GaAs 双结太阳电池的 J-V 特性

　　为了能够定量地模拟多结太阳电池的 J-V 特性,需要给出子电池的 J-V 特性和 $V_i(J)$ 的表达式。利用理想二极管的 J-V 方程,则有

$$J = J_0[\exp(qV/kT) - 1] - J_{sc} \tag{6.5}$$

式中,J_0 为饱和电流密度,q 为电子电荷。假定二极管的理想因子为 1,则有

$$V_{oc} \approx (kT/q)\ln(J_{sc}/J_0) \tag{6.6}$$

在实际情形中,$J_{sc}/J_0 \gg 1$。J_0 可由下式表示

$$J_0 = J_{0,base} + J_{0,emitter} \tag{6.7}$$

式中,$J_{0,emitter}$ 和 $J_{0,base}$ 分别为发射区和基区的饱和电流密度,且有

$$J_{0,base} = q\left(\frac{D_b}{L_b}\right)\left(\frac{n_i^2}{N_b}\right)\left[\frac{(S_b L_b/D_b) + \tanh(x_b/L_b)}{S_b L_b/D_b \tanh(x_b/L_b) + 1}\right] \tag{6.8}$$

式中,n_i 为本征载流子浓度,D_b、L_b 和 S_b 分别为基区中载流子的扩散系数、扩散长度和表面复合速率,N_b 为基区中的掺杂浓度,d_b 为基区厚度。

　　多结太阳电池中每一个 pn 结的 J-V 特性可由式(6.5)~(6.8)描述。若第 i 个 pn 结的饱和电流密度和短路电流密度分别为 $J_{0,i}$ 和 $J_{sc,i}$,那么相应的电压则为 $V_i(J)$。将这些独立的 $V_i(J)$ 曲线相加,便可以得到式(6.4),最大功率点 $|J_{mpi}, V_{mpi}|$ 可在 $V(J)$ 曲线上的 $J \times V(J)$ 最大值处通过计算求出。

6.4　多结太阳电池的隧穿结特性

　　多结太阳电池是利用具有不同禁带宽度的 pn 结子电池在各子电池之间插入超薄垂直掺杂的隧穿结,并利用光生载流子的隧穿效应实现各级子电池互连的高效率太阳电池。之所以采用这种连接方式,是因为如果将各 pn 结直接串联在一起,会由于它们的反向偏置而不能实现载流子输运。采用高浓度掺杂实现的隧穿结,可以恰到好处地解决这一问题。

6.4.1　太阳电池对隧穿结的要求

在多结太阳电池中,高质量隧穿结的制备是高效率太阳电池制作的关键。研究指出,作为能够有效地互连两个子电池的隧穿结,应该具有高透光率和低阻抗的特点,而且上电池和下电池材料的晶格常数和热膨胀系数也应尽可能地匹配。此外,为了避免隧穿结对多结太阳电池的短路电流造成损失,隧穿结的峰值隧穿电流必须远大于多结太阳电池的最大短路电流。为此,要求 pn 结两侧应具有足够高的掺杂浓度,以确保隧穿结具有较高的载流子隧穿概率,从而获得足够高的峰值隧穿电流[5],图 6.4 是一个以 GaInP 为隧穿结的 $Ga_{0.51}In_{0.49}P/GaAs$ 双结太阳电池结构示意图。

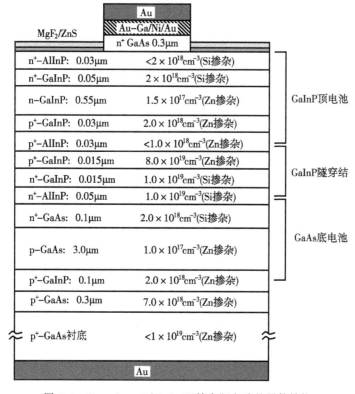

图 6.4　$Ga_{0.51}In_{0.49}P/GaAs$ 双结太阳电池的器件结构

如图 6.4 所示,对于一个 GaInP/GaAs 双结太阳电池而言,GaInP 和 GaAs 子电池之间的互连是在 GaInP 顶电池和 GaAs 底电池之间提供了一个具有高浓度掺杂的 GaInP 隧穿结的低阻连接。该隧穿结处于高掺杂的 n^+-AlInP 层之间,对下电池起窗口作用,对上电池起背场作用,因此大幅度提高了开路电压和短路电流,太阳电池的 AM1.5 转换效率达到了 30.28%。如果没有该隧穿结进行互连,那么这个 pn 结会有极性或者正向电压,其方向与顶部电池和底部电池的正好相反。当电池受到光照时,产生的光电压大约与顶部电池的相当。一个隧穿结是一个简单的 p^{++}-n^{++}结,其中 p^{++} 和 n^{++} 分别代表重掺杂或简并掺杂。该隧穿结的空间电荷区应该很窄,大约为 10nm。在正向偏压条件下,通常的热电流特性会使载流子隧穿过窄的空间电荷区,从而使 pn 结短路。因此,隧穿结的正向 J-V 特性如同一个纯电阻。当电流密度低于一个临界值时,称之为峰值隧穿电流 J_p,它可以由下式表示

$$J_p \propto \exp\left(-\frac{E_g^{3/2}}{\sqrt{N^*}}\right) \tag{6.9}$$

式中,E_g 为隧穿结材料的禁带宽度,$N^* = N_A N_D/(N_A + N_D)$ 为有效掺杂浓度。为了能使多结太阳电池具有高的转换效率,一定要使 $J_p > J_{sc}$。如果 $J_p < J_{sc}$,隧穿电流特性会转变成以热电子发射起主导作用,结电压会上升至典型的 pn 结电压降。图 6.5 (a) 和 (b) 分别示出了隧穿二极管的能带图和 p^{++}-GaAs/n^{++}-GaAs 隧穿二极管的 J-V 特性曲线。

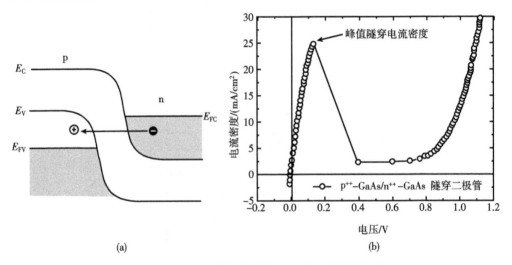

(a) 　　　　　　　　　　　　　　　 (b)

图 6.5　隧穿二极管的能带图(a)和具有负阻效应的
p^{++}-GaAs/n^{++}-GaAs 隧穿二极管的 J-V 特性曲线(b)

6.4.2　隧穿结的优化设计

下面,具体讨论隧穿结的优化设计与实现。按照半导体的 pn 结原理,对于具有高掺杂浓度的异质结,将导致其势垒宽度变窄,而且费米能级会分别进入 p 区的价带和 n 区的导带,外加偏压下能带发生倾斜。于是,电子可以从价带隧穿进入导带,从而产生隧穿电流。图 6.6 示出了一个简化的 pn 结耗尽区能带图,其中 V_n 和 V_p 分别为费米能级进入价带和导带的距离,V 为外加偏压的大小。若有电子从 $-x_1$ 点隧穿

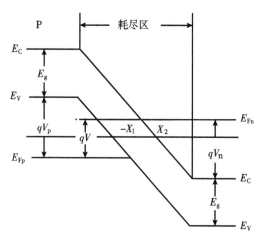

图 6.6　高掺杂 pn 结的简化能带图

到 x_2 点,则隧穿概率 T_t 可由下式给出[6]

$$T_t \approx \exp\left[-2\int_{-x_1}^{x_2} |k(x)| \, dx\right] \tag{6.10}$$

式中, $|k(x)|$ 为势垒区中载流子波矢的绝对值。对于一个三角形势垒,则有

$$k(x) = \sqrt{\frac{2m_e^*}{\hbar^2}\left(\frac{E_g}{2} - q\mathscr{E}x\right)} \tag{6.11}$$

式中, $\mathscr{E}$ 为耗尽区的电场强度, m_e^* 为电子的有效质量。将式(6.11)代入式(6.10)中,可以得到

$$T_t = \exp\left(-\frac{4\sqrt{2m_e^*}\,E_g^{3/2}}{3q\hbar\mathscr{E}}\right) \tag{6.12}$$

式(6.12)为三角形势垒近似下的隧穿概率。当高掺杂 pn 结两端有外加偏压时,电压主要降落在耗尽区上,因此结电场强度与耗尽区宽度有关。耗尽区宽度可由下式给出

$$W = \sqrt{\frac{2(n+p)\varepsilon_r\varepsilon_0}{qnp}} \tag{6.13}$$

式中, n 和 p 分别为 n 区和 p 区的载流子浓度, ε_0 和 ε_r 分别为真空介电常数和半导体材料的介电常数。当 pn 结有外加偏压时,隧穿电流可表示如下

$$I = I_{C\to V} - I_{V\to C}$$
$$= A\int_{E_C}^{E_V}[F_C(E) - F_V(E)]T_t N_C(E)N_V(E)\,dE \tag{6.14}$$

式中, A 为常数, $F_C(E)$ 和 $F_V(E)$ 为费米-狄拉克分布函数, $N_C(E)$ 和 $N_V(E)$ 分别为导带和价带的有效状态密度。

如果外加偏压变化不是很大,上式可简化为

$$I = AT_t\frac{qV}{kT}(V_n + V_p - qV)^2 \tag{6.15}$$

由图 6.6 可以得出

$$qV_n + qV_p - qV = qV_D - qV - E_g \tag{6.16}$$

其中

$$V_D = \frac{kT}{q}\ln\frac{N_D N_A}{n_i^2} \tag{6.17}$$

于是有

$$I = AT_t \frac{qV}{kT}\left(kT\ln\frac{N_D N_A}{n_i^2} - qV - E_g\right)^2 \tag{6.18}$$

式中，N_D 和 N_A 分别为 n 区中的施主掺杂浓度和 p 区中的受主掺杂浓度。

　　图 6.7(a)和(b)分别示出了由计算得到的 GaAs 隧穿结和 $Ga_{0.5}In_{0.5}P$ 隧穿结的 J-V 特性。由图 6.7(a)可以看出，当掺杂浓度超过 5×10^{18} cm^{-3} 时，隧穿效应明显发生。随着隧穿层掺杂浓度逐渐增加，峰值隧穿电流也逐渐增加。由图 6.7(b)也可以看出当掺杂浓度大于 2×10^{19} cm^{-3} 时，隧穿效应明显发生。当掺杂浓度达到 1×10^{20} cm^{-3} 时，峰值隧穿电流为 GaAs 隧穿结的 3 倍。这说明，以 $Ga_{0.5}In_{0.5}P$ 材料作为多结太阳电池的隧穿结，其光伏性能优于 GaAs 隧穿结。

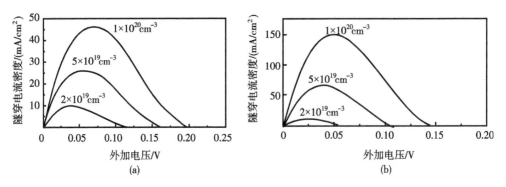

图 6.7　GaAs 隧穿结(a)与 $Ga_{0.5}In_{0.5}P$ 隧穿结(b)的峰值隧穿电流密度与外加电压的依赖关系

6.5　温度对多结太阳电池性能的影响

　　在聚光条件工作下的多结太阳电池，随着光照强度的增加，电池温度会急剧上升，这将显著影响其光伏性能。其中，开路电压和转换效率将随温度的增加而下降。下面，将具体分析太阳电池的光伏参数与温度的依赖关系[7]。

　　图 6.8(a)～(d)分别示出了太阳电池的 J_{sc}、V_{oc}、FF 和 η 与温度 T 的依赖关系。图 6.8(a)是 J_{sc} 随温度的变化，它随温度的升高而缓慢地线性增加。图 6.8(b)是 V_{oc}

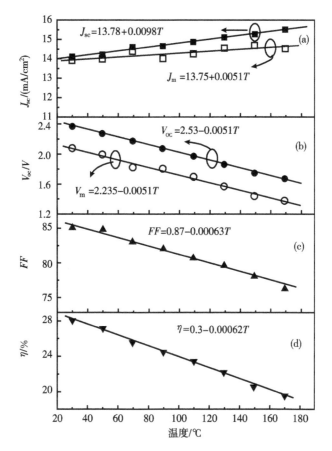

图 6.8 太阳电池的光伏参数与温度的依赖关系

与温度的依存关系,可以看出这是随温度的升高而线性减小的。按照太阳电池的 J-V 特性,其电流可由下式表示

$$J = J_{sc} - J_0\left(\exp\frac{qV}{kT} - 1\right) \tag{6.19}$$

式中,J_0 为饱和电流密度,q 为电子电荷,k 为玻尔兹曼常量。J_0 可由下式给出

$$J_0 = AT^\gamma \exp\left(-\frac{E_g}{kT}\right) \tag{6.20}$$

式中,A 是与材料相关的二极管因子,γ 为一常数,其值在 $2\sim4$。

一般地,当 $V \geqslant 3kT/q$ 时,J 的表达式为

$$J \approx J_{sc} - J_0\exp\frac{qV}{kT} = J_{sc} - AT^\gamma\exp\frac{qV - E_g}{kT} \tag{6.21}$$

当太阳电池处于开路状态时,$J=0$。于是,J_{sc} 可由下式给出

$$J_{sc} = AT^\gamma\exp\frac{qV_{oc} - E_g}{kT} \tag{6.22}$$

由此可以得到

$$V_{oc} = \frac{E_g}{q} + kT \ln \frac{J_{sc}}{AT^\gamma} \tag{6.23}$$

由于禁带宽度与温度的依赖关系很弱,故式(6.23)中等号右边的第一项可以忽略,因此有

$$\frac{dV_{oc}}{dT} = -k\left(\gamma - \ln \frac{J_{sc}}{AT^\gamma}\right) \tag{6.24}$$

图 6.8(c)给出了 FF 的温度依赖性,因为

$$FF = \frac{V_m J_m}{V_{oc} J_{sc}} \tag{6.25}$$

故有

$$\frac{1}{FF}\frac{dFF}{dT} = \frac{1}{V_m}\frac{dV_m}{dT} + \frac{1}{J_m}\frac{dJ_m}{dT} - \frac{1}{V_{oc}}\frac{dV_{oc}}{dT} - \frac{1}{J_{sc}}\frac{dJ_{sc}}{dT} \tag{6.26}$$

由于 $\dfrac{dJ_m}{dT}$ 和 $\dfrac{dJ_{sc}}{dT}$ 是非常小的,因此有

$$\frac{1}{FF}\frac{dFF}{dT} = \left(\frac{1}{V_m} - \frac{1}{V_{oc}}\right)\frac{dV_{oc}}{dT} \tag{6.27}$$

由式(6.27)可以看出,FF 的温度依赖性主要体现在 V_{oc} 的温度依赖性方面。图 6.8 (d)示出了 η 与 T 的依赖关系。可以看出,它随温度的变化与 V_{oc} 和 FF 与温度的依赖性完全一致,即随温度的升高而线性减小。

　　对于 GaInP/GaAs 双结太阳电池,GaAs 底电池的 J_{sc} 不仅取决于 GaAs 的禁带宽度,而且还取决于 GaInP 的禁带宽度,因为 GaInP 顶电池过滤了照射到 GaAs 子电池的太阳光。当太阳电池温度上升时,GaAs 底电池的禁带宽度减小,其 J_{sc} 趋于增加。与此同时,GaInP 顶电池的禁带宽度也减小,因此降低了 GaAs 底电池 J_{sc} 随温度增加的依赖性。

6.6　影响多结太阳电池光伏性能的各种因素

　　与单结太阳电池相比,影响多结太阳电池转换效率的因素更为复杂。它不仅与禁带宽度、入射光子能量、表面和体内复合以及接触电极等有关,而且还与其他诸多因素直接相关,如晶格常数、带隙能量、子电池厚度、中间反射层以及光辐射强度等。下面,将具体分析影响多结太阳电池转换效率的各种因素[8]。

6.6.1　带隙能量

　　多结叠层太阳电池是由一个顶电池、一个底电池和若干个中间子电池组成的光伏器件。为了使太阳电池获得最大的短路电流和开路电压,需要优化组合具有不同

禁带宽度的子电池材料。优化组合的具体含义是,从顶到底的每一个子电池都能够最大限度地吸收太阳光的能量。如果只有其中的某一个子电池能够充分吸收太阳光,而其他子电池只能部分地吸收太阳光,这样便不能使多结太阳电池获得最高的转换效率。图 6.9 示出了多结太阳电池的理论转换效率与 pn 结数量的关系[9]。从图中可以看出,随着 pn 结数量的增加,太阳电池的转换效率也大幅度提高。例如,对于一个带隙组合为 0.89eV/1.58eV 的双结太阳电池来说,在 AM0 条件下的转换效率为 42.2%。而在 AM1.5 条件下,其转换效率高达 53.8%。对于一个带隙组合为 0.75eV/1.18eV/1.82eV 的三结太阳电池而言,在 AM0 条件下转换效率为 48.5%,而在 AM1.5 条件的转换效率高达 61.0%。

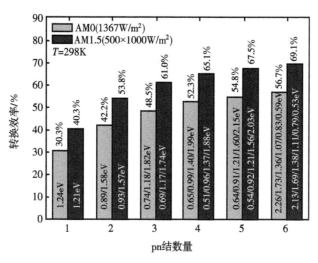

图 6.9 多结太阳电池的理论转换效率与 pn 结数量的关系

6.6.2 晶格常数

除了带隙能量之外,晶格常数是影响多结太阳电池光伏性能的另一个重要结构参数。因为多结太阳电池是由多个子电池以及连接它们的隧穿结所组成,其间存在着大量界面,而这些界面特性的优劣直接制约着光生载流子的隧穿输运过程。如果在界面中存在失配位错,将会引入大量的复合中心,这些复合中心的存在将使载流子的界面复合速率大大增加,从而显著减小太阳电池的隧穿电流密度和短路电流密度。为此,必须保证构成多结太阳电池的各子电池材料和充当隧穿结材料的晶格常数具有良好的匹配特性。图 6.10 示出了 Si、Ge 与其他几种主要Ⅲ-Ⅴ族化合物材料的带隙能量与晶格常数的关系。由图可以看出,Ge 与 GaAs 具有比较接近一致的晶格常数。GaInP 的晶格常数与三族元素 Ga 和 In 的组分数直接相关,在 GaP 的晶格常数(5.45Å)和 InP 的晶格常数(5.86Å)之间变化。由于三种材料的晶格常数匹配,因此可用于高效率 GaInP/GaAs/Ge 三结太阳电池的制作。

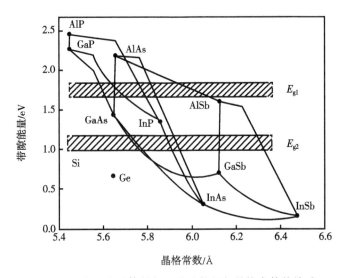

图 6.10　各种半导体材料的带隙能量与晶格常数的关系

6.6.3　子电池厚度

由于太阳电池有源区的吸收系数不是无限大,有限厚度的电池不会吸收所有的能量大于禁带宽度的入射光子。有些光会产生透射,而且电池厚度越薄透射光会越多。因此,对于一个双结太阳电池来说,减薄顶电池厚度将会重新分配两个子电池之间的光吸收,在减小顶电池电流的同时增加底电池的电流。当顶电池厚度减薄至出现电流匹配状态时,电池将具有最高的转换效率。由图 6.11(a)可以看出,当顶电池禁带宽度为 1.95eV 时,GaInP/GaAs 双结太阳电池具有良好的电流匹配特性。当顶电池厚度为 0.7μm 时,子电池电流匹配良好,串联电流呈现出最大值,如图 6.11(b)所示。在此厚度下,$J_{sc}=J_{sct}=15.8mA/cm^2$。如此薄的电池能够吸收如此高比例的入射光,是由于 GaAs 直接带隙材料具有较大的光吸收系数。当顶电池厚度减薄后,

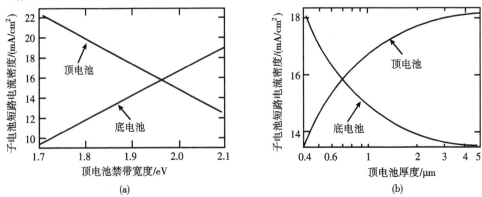

图 6.11　GaInP/GaAs 双结太阳电池的子电池电流密度与顶电池禁带宽度(a)和顶电池厚度(b)的关系

由于 J_{sc} 的增加将使电池效率从 30% 提高到 35%。

6.6.4　中间反射层

在多结太阳电池中,为了能够达到顶电池和底电池之间的电流匹配,借以提高整体太阳电池效率的目的,需要在二者之间插入一个较薄的反射层,该层应具有较低的折射率和一定的电导特性。如果将它插入具有高折射率的顶电池和底电池之间,并进行适当调节,可以形成增强反射效果的布拉格反射(DBR)结构。它的反射率 R_d 可由下式表示

$$R_d = \left(\frac{n_t - \left(\frac{n_{int}}{n_b} \right)^{2s} n_b}{n_t + \left(\frac{n_{int}}{n_b} \right) n_b} \right)^2 \tag{6.28}$$

式中,n_t、n_b 和 n_{int} 分别为构成 DBR 的 n$^+$ 顶电池、p$^+$ 底电池和中间层的折射率,s 为 DBR 的周期数。研究指出,选用具有低折射率的中间层后,可将从顶部透射过来的短波长光再次反射回去,从而使其得以重新吸收,这对改善多结太阳电池的光伏性能是十分有利的。

6.6.5　光照射强度

多结太阳电池一般是在聚光条件下使用。对于一个多结串联的光伏器件,在聚光条件下会使 J_{sc} 增加,由此将使 V_{oc} 增大,而 V_{oc} 的增大将使聚光条件下的电池效率有大幅度的提高。对于具有窄带隙的结来说,这种提高效率会更加明显。例如,对于一个双结 GaInP/GaAs 太阳电池,在 1sun 强度照射下 $V_{oc}=2.4V$,而在 1000sun 强度照射下的 V_{oc} 会高达 2.76V,后者比前者提高了 15%。而对于一个三结 GaInP/GaAs/Ge 太阳电池,在 1000sun 照射下比 1sun 照射下的 V_{oc} 可以提高 21%。图 6.12 是在 AM1.5 照射下,GaInP/GaAs/Ge 三结太阳电池效率随聚光强度的变化。

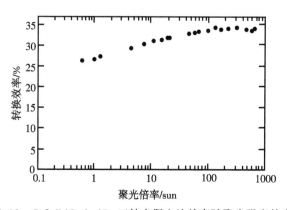

图 6.12　GaInP/GaAs/Ge 三结太阳电池效率随聚光强度的变化

6.7　单片Ⅲ-Ⅴ族叠层太阳电池

6.7.1　GaInP/GaAs/Ge 三结太阳电池

在晶格匹配的 GaInP/GaAs/Ge 三结叠层电池中,各材料的禁带宽度分别为 1.9eV/1.4eV/0.7eV,这一带隙组合与太阳光谱恰好匹配[10]。GaInP 顶电池可以吸收波长 0.3～0.65μm 范围的光子能量,GaAs 中间电池可以吸收波长 0.65～0.85μm 的光子能量,Ge 底电池可以吸收波长 0.85～1.8μm 的光子能量,从而构成了较为理想晶格匹配的三结太阳电池。图 6.13(a)和(b)分别为 GaInP/GaAs/Ge 三结太阳电池的器件结构和吸收光谱。其中,Ge 底电池是在外延生长 GaInP 顶层电池和 GaAs 中间电池之前,通过控制 Ⅴ 族和 Ⅲ 族元素向 Ge 衬底的扩散,在 Ge 衬底上表面形成一个反型层,从而与衬底构成 Ge 底电池。Ge 底电池改善了叠层电池对太阳光谱长波光子能量的有效利用,提高了三结电池的能量转换效率,该太阳电池结构的 AM0 效率为 25%～33%。

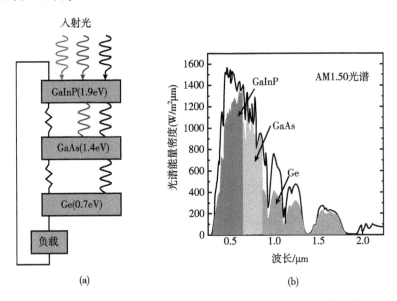

图 6.13　GaInP/GaAs/Ge 三结太阳电池的器件结构(a)与吸收光谱(b)

6.7.2　GaInP/GaInAs/Ge 三结太阳电池

虽然 GaAs 与 Ge 之间的晶格失配度较小,约为 0.08%,但它们也将影响太阳电池光伏性能的进一步提高。如果在 GaAs 中掺入适量的 In,可以更好地实现与 Ge 的晶格匹配特性,从而消除 GaAs 外延层中的失配应力,由此明显改善掺 In 后的

GaInAs 中间电池对光生载流子的收集效率,增大电池的短路电流密度。此外,In 的掺入使得中间电池的禁带宽度变窄,这将使其光吸收范围向红外方向扩展,有利于提高中间电池的短路电流密度。因此,GaInP/GaInAs/Ge 三结太阳电池具有更为优越的性能[11]。例如,晶格匹配结构的 $Ga_{0.50}In_{0.50}P/Ga_{0.99}In_{0.01}As/Ge$ 三结太阳电池,在 $135kW/m^2$ 照度下功率转换效率达到了 40.1%。图 6.14(a)和(b)分别示出了 GaInP/GaInAs/Ge 三结叠层太阳电池的器件结构与吸收光谱。

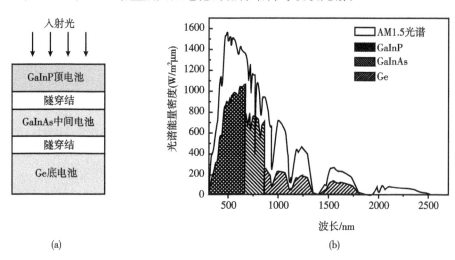

图 6.14　GaInP/InGaAs/Ge 三结太阳电池的器件结构(a)与吸收光谱(b)

6.7.3　GaInP/GaAs/GaInNAs 三结太阳电池

　　GaInP/GaInAs/Ge 三结太阳电池的转换效率虽然已高达 40% 以上,但是其带隙组合并不理想,它们的带隙能量组合为 1.8eV/1.4eV/0.65eV。很显然,第二结 1.4eV 的带隙能量与第三结 0.65eV 的带隙能量相差较大,因此与太阳光谱的能量匹配不够合理。如果将第三结太阳电池由一个带隙能量约为 1.0eV 的材料所替代,也就是说形成一个 1.8eV/1.4eV/1.0eV 的三结叠层结构,这样的带隙能量组合将会理想得多。为此经过反复探索,人们提出了采用 $Ga_{1-x}In_xN_{1-y}As_y$ 四元系合金材料作为第三个结,它的带隙能量大约为 1.0eV,而且与 GaAs 晶格匹配特性良好。由 GaInP/GaAs/GaInNAs 构成的三结太阳电池,在 $400\sim600sun$ 条件下的转换效率可高达 43.5%。

6.7.4　三结以上的叠层太阳电池

　　三结以上的叠层太阳电池是指四结、五结和六结太阳电池。对于四结太阳电池而言,由于 GaInP/GaAs/GaInNAs/Ge 叠层太阳电池具有理想的 1.8eV/1.4eV/

1.0eV/0.65eV 带隙能量组合,人们预言该叠层太阳电池具有较高的理论转换效率。不过,由于 GaInNAs 材料的质量欠佳,缺陷较多和载流子迁移率很低,因而至今尚未制成性能良好的这种四结太阳电池。图 6.15(a) 示出了一个由实验测量得到的 GaInP/GaAs/GaInNAs/Ge 四结太阳电池的内量子效率与入射光波长的关系。但是,如果在 GaInP/GaInAs/Ge 三结太阳电池的 GaInP 顶电池上面增加一个 AlGaInP 子电池,而在 GaInAs 中间电池上面增加一个 AlGaInAs 子电池,由此可以构成一个 AlGaInP/GaInP/AlGaInAs/ GaInAs/Ge 五结太阳电池。实验研究指出,其开路电压可以达到 5.2V。图 6.15(b) 示出了该五结太阳电池的外量子效率随入射光波长的变化[12]。更进一步,如果在五结太阳电池的 GaInAs 结和 Ge 结之间再加入一个 GaInNAs 子电池,可以构成一个 AlGaInP/GaInP/AlGaInAs/GaInAs/GaInNAs/Ge 六结太阳电池。理论计算指出,这种六结太阳电池的效率可以接近 70%,图 6.15(c) 示出了由测量得到的该六结太阳电池的内量子效率与入射光波长的依赖关系。

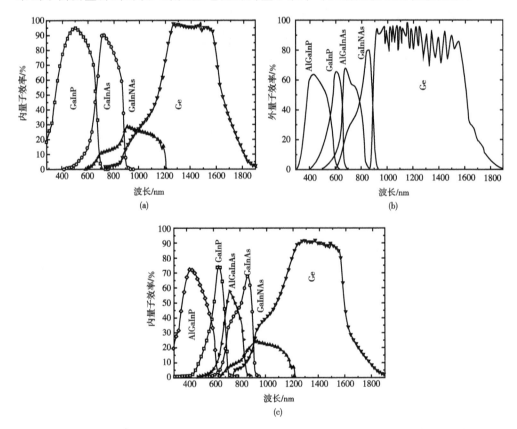

图 6.15　四结(a)、五结(b)和六结(c)叠层太阳电池的量子效率随入射光波长的变化

参 考 文 献

[1] 熊绍珍，朱美芳. 太阳能电池基础与应用. 北京：科学出版社，2009

[2] 小长井诚，山口真史，近藤道雄. 太阳电池的基础与应用. 东京：培风馆，2010

[3] Green M A. Emery K，Hishikawa Y，et al. Solar cell efficiency tables. Prog. Photovolt：Res. Appl.，2011，19：565

[4] Luque A，Hegedus S,等. 光伏技术与工程手册. 王文静，李海玲，周春兰,等,译. 北京：机械工业出版社，2011

[5] García I, Stolle I R, Algora C. Performance analysis of AlGaAs/GaAs tunnel junction for urtra-high concentration photovoltaics. J. Phys. D：Appl. Phys.，2012，45：045101

[6] 朱诚，张永刚，李爱珍. 隧道结在多结太阳电池中的应用. 稀有金属，2004，28：526

[7] Cui M,chem. N F, Yang X L, et al. Fabrication and temperature dependence of a GaInP/GaAs/Ge tandem solar cell. Journal of Semiconductors，2012，33：024006

[8] 彭英才，傅广生. 新概念太阳电池. 北京：科学出版社，2014

[9] McEvoy A. 应用光伏手册-原理与应用(上)(英文影印本). 北京：科学出版社，2013

[10] Friedman D J, Olson J M. Analysis of Ge junctions for GaInP/GaAs/Ge three-junction solar cell. Prog. Photovolt：Res. Appl.，2001，9：179

[11] King R R，Law D C，Edmondson K M，et al. 40% efficient metamorphic GaInP/GaInAs/Ge multijunction solar cells. Appl. Phys. Lett.，2007，90：183516

[12] Cristobal A B，Marti A，Luque A. Next Generation of Photovoltaics. Berlin：Springer-verlag，2012

第 7 章　Si 基薄膜太阳电池

　　薄膜太阳电池是在晶体太阳电池基础上发展起来的第二代太阳电池。研究薄膜太阳电池的主要目的是为了降低生产制作成本,并尽可能地使其保持较高的转换效率。这些薄膜太阳电池主要有 Si 基薄膜太阳电池、Ⅲ-Ⅴ族化合物薄膜太阳电池、$Cu(In,Ga)Se_2$ 薄膜太阳电池和 CdTe 薄膜太阳电池等。在各类薄膜太阳电池中,Si 基薄膜太阳电池占有重要的地位,它主要包括由 α-Si:H 薄膜、μc-Si:H 薄膜、nc-Si:H薄膜和多晶 Si(pc-Si)薄膜制作的单结或多结太阳电池。

　　本章首先讨论各类 Si 基薄膜的结构性质、载流子输运和光吸收特性,然后介绍以 p-i-n 结构为主的 Si 基薄膜太阳电池的工作原理、器件结构与光伏特性。最后,对 pc-Si 薄膜太阳电池作简单介绍。

7.1　Si 基薄膜的结构性质

7.1.1　α-Si:H薄膜的无序化特征

　　非晶 Si(α-Si)薄膜是一种连续的共价无规则网络结构,其内部存在着各种形式的缺陷态。而由氢化所形成的 α-Si:H 薄膜,可使 α-Si 薄膜的结构发生变化。虽然 α-Si:H 薄膜的组成原子在空间排列上失去了长程有序性,但由于化学键的束缚,它仍然保持了单晶 Si 中四面体的结构配位形式,只是键角和键长发生了一些变化,这就是所谓的长程无序和短程有序性。可以认为,α-Si:H 薄膜的主要特征是它的结构无序化。α-Si:H 薄膜的另一个结构特点是它的亚稳性,通常情形下的 α-Si:H 薄膜并不是处在平衡态,而是处于非平衡态,其自由能要比单晶 Si 高很多。由于这种状态是不稳定的,故称为亚稳态,这种亚稳态结构是导致 α-Si:H 薄膜太阳电池光伏性能不稳定的一个主要原因。图 7.1(a)和(b)分别示出了无序体系的网络结构和 α-Si:H 薄膜的结构形态[1]。

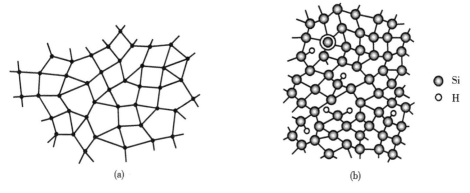

图 7.1　无序体系的网络结构(a)和 α-Si:H 薄膜的结构形态(b)

7.1.2　μc-Si:H 薄膜的微晶化特征

在 α-Si:H 薄膜的等离子体化学气相沉积(PECVD)过程中,如果适当增加 SiH₄ 气体的 H 稀释度和提高等离子体的射频功率,或采用较高频率的等离子体射频 (13.56～70MHz)可以制备出电导率较高的薄膜。由于其电子衍射谱呈现出一些结晶环,故称为 μc-Si:H 薄膜,它的结构特点主要体现在薄膜的微晶化方面。这种薄膜由非晶相、晶粒、晶粒间界和空洞所组成,其晶粒尺寸在 30～60nm。由于 μc-Si:H 薄膜的微晶相中原子排列具有一定的有序性,而且光学带隙变窄,所以与 α-Si:H 薄膜相比,它具有较高的电导率,较高的掺杂效率,较低的电导激活能以及良好的光吸收特性。此外,μc-Si:H 薄膜还具有良好的光照稳定性,其光电特性密切依赖于结构参数,如晶化率、晶粒生长的择优取向以及原子的键合情况等。

图 7.2(a)和(b)分别示出了微晶粒的价键结构和 μc-Si:H 薄膜的结构形态。由图 7.2(b)可以看出,它具有典型的两相结构。在图的左侧,微晶相比较高,非晶相只是作为晶粒间界而存在。从左至右,微晶相逐渐减少,非晶相逐渐占据优势,形成晶粒镶嵌结构。晶粒呈纵向生长,并形成柱状的晶粒和晶界,而且在某些晶界处有一些空洞存在[2]。

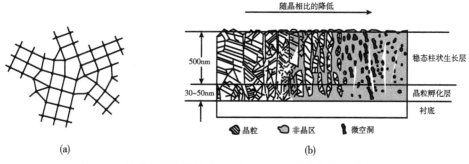

图 7.2　微晶粒的价键结构(a)和 μc-Si:H 薄膜的结构形态(b)

7.1.3　nc-Si：H薄膜的小晶粒特征

nc-Si：H薄膜是在μc-Si：H薄膜基础上形成的另一种新型Si基薄膜材料。如果说微晶化是μc-Si：H薄膜的主要结构特点,那么nc-Si：H薄膜的结构特征则是纳米晶粒的形成。一般认为,典型的nc-Si：H薄膜是由尺寸为3～6nm的Si晶粒和大量非晶界面组成的纳米结构,其晶粒和界面组元约各占50%。界面厚度为2～3个原子层,膜层中的Si晶粒分布具有无序性。与μc-Si：H薄膜相比,nc-Si：H薄膜具有更好的光照稳定性和光吸收特性。但也有观点认为,μc-Si：H与nc-Si：H可视为同一种Si基薄膜材料。事实上,nc-Si：H与μc-Si：H在结构形态上有着明显的不同,其主要区别在于以下两点：①nc-Si：H薄膜中镶嵌着大量纳米尺寸的Si小晶粒,这些小晶粒具有显著的量子尺寸效应,而μc-Si：H薄膜中的晶粒尺寸较大,因此不存在量子尺寸效应；②在nc-Si：H薄膜中,电子的输运具有量子隧穿特性,即电子在晶粒中是弹道输运,而在晶粒之间则是隧穿输运,而这种电子输运特性是μc-Si：H所不具有的。图7.3示出了nc-Si：H薄膜的PECVD生长过程和结构形态[3]。

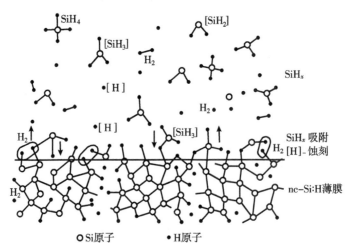

图7.3　nc-Si：H薄膜的PECVD生长过程与结构形态

7.1.4　pc-Si薄膜的大晶粒特征

pc-Si薄膜是采用热化学气相沉积、等离子体化学气相沉积或热丝化学气相沉积方法,在不同衬底上生长的Si基薄膜,它由尺寸大小不等和晶向不同的Si晶粒组成。晶粒尺寸一般为几百个纳米,更大的晶粒尺寸可大于1μm,在晶粒与晶粒之间存在着大量晶粒间界。依据不同的制备方法和生长动力学,pc-Si薄膜可以形成不规则的球形晶粒结构,也可以形成圆柱形晶粒结构,分别如图7.4(a)和(b)所示。在pc-Si薄膜中,晶粒间界可以充当非常有效的复合中心。在距晶粒边界大约一个扩散长度内所产生的少数载流子可以被晶界吸收,并进而被复合掉。晶粒边界的另一个不利影响是为 pn 结电流提供了一个旁路,这种通路可以使杂质沿着晶粒边界优先扩散,如图 7.4(c)所示[4]。

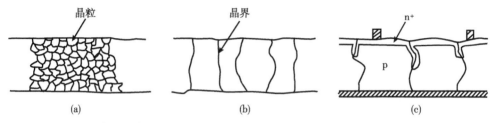

图 7.4 pc-Si 薄膜的球形晶粒结构(a)、圆柱形晶粒结构(b)和杂质沿晶粒边界的扩散(c)

7.2 Si 基薄膜的电学性质

7.2.1 α-Si:H 薄膜的载流子导电机理

本征 α-Si:H 薄膜的直流暗电导率主要由载流子的输运性质所决定,我们可以根据图 7.5(a)所示的 α-Si:H 薄膜能带模型进行简单分析。半导体物理指出,直流暗电导率随温度而变化,二者的相互依赖关系可分为四个部分,即迁移率边上的扩展态电导、带尾态跳跃电导、费米能级附近的近程跳跃电导和极低温度下的变程跳跃电导,如图 7.5(b)所示。

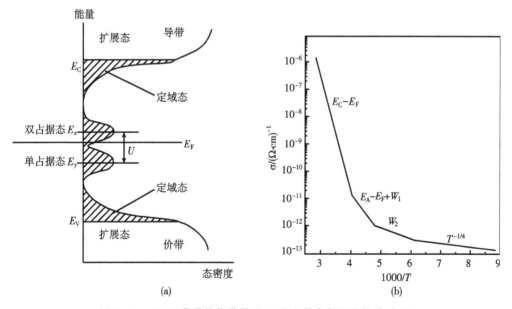

图 7.5 α-Si:H 薄膜的能带模型(a)和电导率与温度的关系(b)

依据上述分析，α-Si：H 薄膜的直流暗电导率可由下式表示[5]

$$\sigma_d = \sigma_0 \exp\left(-\frac{E_C - E_F}{kT}\right) + \sigma_1 \exp\left(-\frac{E_A - E_F + W_1}{kT}\right)$$
$$+ \sigma_2 \exp\left(-\frac{W_2}{kT}\right) + \sigma_2 \exp\left(-\frac{B}{T^{1/4}}\right) \tag{7.1}$$

式中，$\sigma_0 = q\mu_n N_C$，其中 q 为电子电荷，μ_n 为电子迁移率，N_C 为导带有效状态密度，E_C 为导带底能量，E_F 为费米能级，E_A 为导带尾特征能量，W_1 为带尾定域态上的跳跃激活能，W_2 为载流子在费米能级附近缺陷态上的跳跃激活能，B 为一常数。

对于 α-Si：H 薄膜太阳电池来说，人们主要关心在室温下或更高温度下激发到迁移率边 E_C 以上和 E_V 以下扩展态的载流子输运。带尾态对于这种输运的影响主要是起一定的陷阱作用，它使在扩展态中漂移的载流子陷落。被陷落的载流子在停留一段时间后又被释放，因而其迁移率比扩展态的迁移率低很多。

7.2.2　μc-Si：H 薄膜的电导特性

与 α-Si：H 薄膜相比，由于 μc-Si：H 薄膜具有较高的晶化率，因此呈现出良好的电导特性，图 7.6 示出了 μc-Si：H 薄膜的暗电导率和光电导率与薄膜晶化率的关系。由图可以看出，随着薄膜晶化率的增加，其暗电导率和光电导率均呈单调线性增加趋势。当晶化率为 $60\% \sim 80\%$ 时，其暗电导率 σ_d 为 $10^{-8} \sim 10^{-6}\,\Omega^{-1} \cdot cm^{-1}$，光电导率 σ_p 为 $10^{-6} \sim 10^{-5}\,\Omega^{-1} \cdot cm^{-1}$，因此光敏化率 $\sigma_d/\sigma_p = 10^{-3}$，暗电导激活能 $\Delta E \approx 0.5eV$。μc-Si：H 薄膜的高电导率和低激活能性质，使其有较高的载流子迁移率，这对增加太阳电池的短路电流是十分有利的。

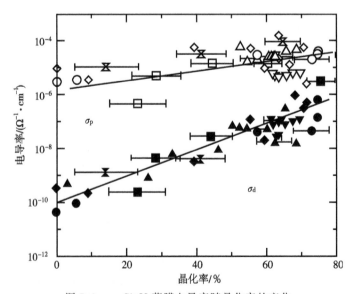

图 7.6　μc-Si：H 薄膜电导率随晶化率的变化

7.2.3　nc-Si:H 薄膜的载流子隧穿机制

可以采用异质结量子点模型,描述 nc-Si:H 薄膜中的载流子输运机制[6]。由图 7.7所示的能带图可见,在 Si 纳米晶粒内部和周围的非晶界面区域,能带的弯曲效应将使晶粒的导带边在界面区域明显下凹,因此大大降低了 nc-Si:H 薄膜的电导激活能,这是它具有高电导率的一个重要原因。

一般认为,nc-Si:H 薄膜的载流子输运过程分为两个部分。在晶粒内部,载流子是弹道输运的,而在界面是隧穿输运的。更进一步,nc-Si:H 薄膜的电导率可由下式给出

$$\sigma = \sigma_0 \exp(-\Delta E/kT) \cdot F(\langle q^2 \rangle, T) \tag{7.2}$$

式中,ΔE 为电导激活能,$F(\langle q^2 \rangle, T)$ 为与隧穿相关的分布函数,$\langle q^2 \rangle$ 为电荷分布函数 $p(q)$ 的量子起伏,而 $p(q)$ 可由下式给出

$$p(q) = \frac{1}{\sqrt{2\pi\langle q^2 \rangle}} \exp(q^2/2\langle q^2 \rangle) \tag{7.3}$$

该结果表明,nc-Si:H 薄膜的电导率不仅与电导激活能有关,而且还与温度呈现出较为复杂的依赖关系。它既有依赖于温度的激活过程,也有依赖于温度的隧穿过程。

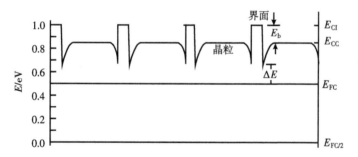

图 7.7　nc-Si:H 薄膜能带的上半部示意图

7.2.4　pc-Si 薄膜的载流子迁移理论

pc-Si:H 薄膜中的载流子输运,广泛涉及晶粒内部、晶间界面、掺杂浓度、势垒高度以及外加偏压等多种因素的影响。可以根据如图 7.8 所示的能带模型,并采用热电子发射理论分析与讨论 pc-Si 薄膜中的载流子输运过程。对于具有施主掺杂的 pc-Si 薄膜,可以给出载流子的有效迁移率[7]

$$\mu_{\text{eff}} = qL \frac{v_c}{kT} \exp(-E_b/kT) \tag{7.4}$$

式中,v_c 为载流子的漂移速度,L 为 Si 晶粒的尺寸,E_b 为晶粒与边界处的势垒高度。

如果 pc-Si 薄膜中施主掺杂浓度足够高,使得晶界势垒 E_b 的大小与 kT 相接近,

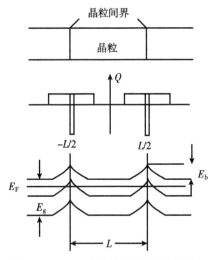

图 7.8　pc-Si 薄膜的能带结构示意图

则不能简单采用热电子发射理论描述 pc-Si 薄膜中的载流子输运。此时,可以将晶粒间界视为一个薄的非晶层。在此种情形下,必须考虑载流子在晶粒间界处的隧穿效应。

7.3　Si 基薄膜的光吸收特性

7.3.1　α-Si:H 薄膜的光吸收谱

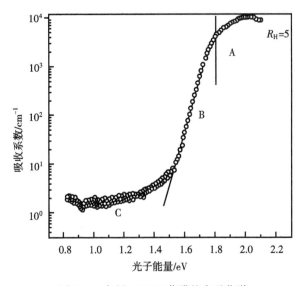

图 7.9　本征 α-Si:H 薄膜的光吸收谱

图 7.9 示出了本征 α-Si:H 薄膜的光吸收特性,其光吸收谱可分为本征吸收(A 区)、带尾吸收(B 区)和次带吸收(C 区)三个部分。本征吸收是由电子吸收能量大于光学带隙的光子后,从价带跃迁到导带所引起的吸收。器件质量 α-Si:H 薄膜的光学带隙为 $1.7\sim1.8\mathrm{eV}$,其吸收边处的光吸收系数为 $10^3\sim10^4\,\mathrm{cm}^{-1}$;带尾吸收相应于电子从价带扩展态到导带带尾态,或从价带带尾态到导带扩展态的跃迁。在这一区域内,光吸收系数小于 $10^3\,\mathrm{cm}^{-1}$;在

次带吸收区,光吸收系数小于 $10^1 \mathrm{cm}^{-1}$,相应于电子从价带到带隙态或从带隙态到导带的跃迁[8]。

7.3.2　α-Si:H 薄膜的光致衰退效应

实验研究指出,H 在 α-Si:H 薄膜中会产生光致亚稳缺陷。α-Si:H 薄膜在长时间光照下,其光电导率和暗电导率同时下降,而后才能保持稳定。其中暗电导率可以下降几个数量级,从而导致 α-Si:H 薄膜太阳电池的转换效率降低。如果经过 150~200℃ 的短时间热处理,其性能又可以恢复到原始状态,这种效应被称为光致衰退效应(S-W 效应)。图 7.10 示出了 α-Si:H 薄膜电导率在光照前后的变化[9]。

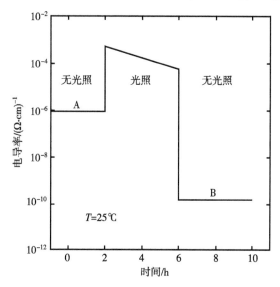

图 7.10　α-Si:H 薄膜电导率在光照前后的变化

暗电导率的测量表明,光照时电导激活能增加,这意味着费米能级由带边向带隙中央发生了移动,由此说明光照在带隙中部产生了亚稳的能态,或者说产生了亚稳的复合中心。根据半导体中的载流子产生与复合理论,带隙中央亚稳中心的复合几率最大,具有减少光生载流子寿命的作用。与此同时,它又作为载流子的陷阱引起太阳电池空间电荷量的增加,这将导致载流子收集效率的减少。

7.3.3　μc-Si:H 薄膜的光谱响应

图 7.11 示出了 μc-Si:H、α-Si:H 和 c-Si 三种 Si 基薄膜材料的光吸收谱,我们可以分成两个区域分析三种薄膜材料的光吸收特性[10]:当光子能量小于 1.7eV 时,α-Si:H 薄膜的光吸收系数明显小于 μc-Si:H 和 c-Si 材料,而后两种薄膜具有大体相当的光吸收系数。当光子能量大于 1.7eV 时,α-Si:H 薄膜的光吸收系数大于μc-Si:H 和 c-Si。同时,μc-Si:H 薄膜的吸收系数又明显高于 c-Si,这是由于 μc-Si:H

中非晶相存在的缘故。μc-Si:H 薄膜具有良好的长波响应,完全是由于其中所含有的微晶相所导致。如果微晶相的晶化率降低,将会导致 μc-Si:H 薄膜长波吸收的总量降低,这就限制了太阳电池的短路电流。为了增加 μc-Si:H 薄膜太阳电池的短路电流,原则上需要增加本征吸收层的厚度和晶化率。

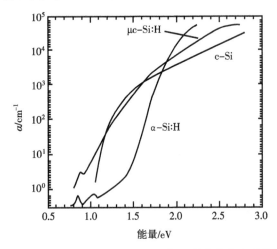

图 7.11　μc-Si:H、α-Si:H 和 c-Si 三种 Si 基薄膜的光吸收系数

如上所述,在可见光谱范围 α-Si:H 薄膜的本征吸收系数要比 c-Si 高出 1～2 个数量级,这是由于 c-Si 的本征吸收存在严格的选择定则。c-Si 是间接带隙材料,本征光吸收过程必须有声子的参与,直到光子能量达到 c-Si 的第一直接带隙(～3eV)时,才有可能发生直接跃迁。而对于 α-Si:H 薄膜而言,由于它的结构无序性,电子态没有确定的波矢,电子在吸收光子从价带跃迁到导带的过程中,也就不受准动量守恒的限制。

7.3.4　α-Si$_{1-x}$Ge$_x$:H 薄膜的光吸收系数

α-Si$_{1-x}$Ge$_x$:H 合金也是一种重要的 Si 基薄膜材料,通过改变其中 Ge 的组分 x,可以调控该合金材料的光学带隙[11]。图 7.12 是 α-Si$_{1-x}$Ge$_x$:H 合金的光吸收系数随光子能量的变化,图中的参变量为合金的光学带隙值。当 Ge 的组分数分别为 0.58、0.48、0.30 和 0 时,其光学带隙值分别为 1.25eV、1.34eV、1.50eV 和 1.72eV。由图可以看出,在红外和近红外光谱区域,该合金薄膜具有良好的光吸收特性。对于每一个光学带隙值,光吸收系数都随入射光子能量的增加而呈近线性急剧增加趋势。此外,在最低能量处的吸收平台随光学带隙变窄而增加,这表明缺陷态密度增大。α-Si$_{1-x}$Ge$_x$ 薄膜一般多作为 p-i-n 结构太阳电池的光吸收层和叠层太阳电池的底电池而使用。

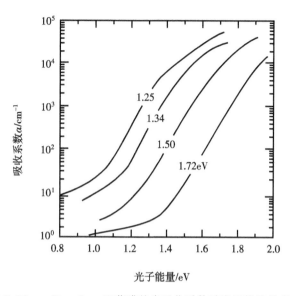

图 7.12　$\alpha\text{-Si}_{1-x}\text{Ge}_x$：H 薄膜的光吸收系数随光子能量的变化

7.3.5　nc-Si：H 薄膜的增强光吸收

　　与体材料相比，nc-Si：H 薄膜具有良好的光吸收特性。图 7.13(a)给出晶粒尺寸为 5.5nm 的 nc-Si：H 薄膜的归一化吸收谱随入射光波长的变化。为便于比较，图中给出了体 Si 厚度分别为 20nm 和 126nm 时的光吸收特性。显而易见，在蓝光和绿光波长范围内，nc-Si：H 薄膜具有远大于体 Si 的光吸收率，其值大约是厚度为 20nm 体 Si 的 14 倍，如此大的光增强吸收归因于纳米量子点所具有的量子尺寸效应所导致的振子强度的增加。但同时还应看到，在远紫外和红外区域内，体 Si 的吸收率则大于 nc-Si：H 薄膜。图 7.13(b)示出了利用该 nc-Si：H 薄膜制作太阳电池的外量子效率与入射光波长的依赖关系。由图可以看出，从红外线到绿光范围内，随着光子能量

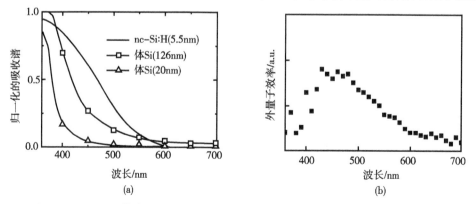

图 7.13　nc-Si：H 薄膜的光吸收特性(a)和 nc-Si：H 薄膜太阳电池的外量子效率(b)

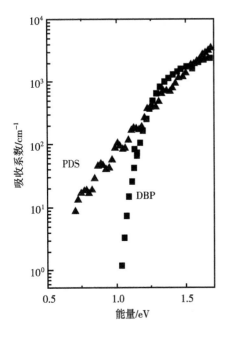

图 7.14　pc-Si 薄膜的光吸收谱

的增加其外量子效率呈近线性增加趋势,这与图 7.13(a)所示出的光谱吸收特性相吻合[12]。

7.3.6　pc-Si 薄膜的光吸收特性

图 7.14 示出了利用热丝化学气相沉积生长的 pc-Si 薄膜的光吸收谱。图中的光热偏转谱(PDS)测量证实,在光子能量小于 1.0eV 光谱范围的吸收来自于 pc-Si 薄膜中晶粒间界的贡献。而双束光电导率(DBP)测量则显示出与 c-Si 相类似的光吸收特性,即光吸收边在 1.1eV 附近。随着光子能量增加,其光吸收系数也急剧上升[13]。当光子能量大于 1.2eV 以后,由两种测量方法得到的光吸收系数值接近一致。应该注意到,在 DBP 测量中载流子是沿着垂直于柱状多晶 Si 方向输运的,这样可以有效避免晶粒间界复合对光吸收所造成的不利影响。

7.4　p-i-n 结构 Si 基薄膜太阳电池

7.4.1　器件结构

在常规的晶体 Si 太阳电池中,通常采用 pn 结作为器件的光吸收有源区。但是,对于 Si 基薄膜太阳电池而言,所用的光伏材料一般为 α-Si:H 和 μc-Si:H 薄膜,材料中载流子迁移率和寿命都比 c-Si 低得多,其扩散长度也比较短。若在这种薄膜太阳电池中也采用 pn 结作为光吸收有源区,那么光生载流子在没有扩散到结区之前就会被复合掉。如果采用很薄的材料,光的吸收效率会很低,相应的光生电流也很小。为了解决这一问题,Si 基薄膜光伏器件一般需在 p 层和 n 层中间加入一个 i 层。其中,p 层和 n 层分别为硼掺杂和磷掺杂的材料,i 层则是本征材料。如果衬底为玻璃,一般采用 p-i-n 结构。图 7.15(a)和(b)分别是 p-i-n 结构 α-Si:H 薄膜太阳电池的器件结构和能带示意图。能带中的 E_C 和 E_V 分别为导带底和价带顶,E_F 为费米能级。在没有光照的平衡状态下,p-i-n 三层具有相同的费米能级,此时本征层中的导带和价带将从 p 层向 n 层倾斜形成内建电场[14]。

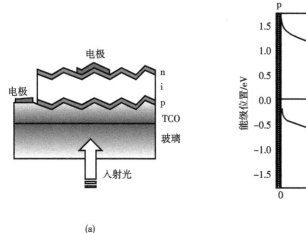
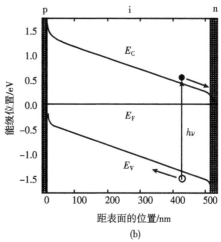

图 7.15　p-i-n 结构 α-Si：H 薄膜太阳电池的剖面结构（a）和无光照时的能带示意图（b）

7.4.2　工作原理

在理想情况下，p 层和 n 层中的费米能级之差决定了太阳电池内建电场的大小。由于 p 层和 n 层内的缺陷态浓度很高，因此光生载流子将主要产生在 i 层中。在光照条件下，由于内建电场的作用，光生电子流向 n 层，而光生空穴流向 p 层。在开路条件下，光生电子积累在 n 层中，而光生空穴积累在 p 层中。此时，p 层和 n 层中的光生电荷在 i 层中所产生的电场抵消部分内建电场。在 n 层中积累的光生电子和在 p 层中积累的光生空穴具有相反方向扩散的趋向，借以抵消光生载流子的收集电流。当扩散电流与内建电场作用下的收集电流之间达到动态平衡时，i 层中没有净电流。图 7.16 示出了光照条件下 p-i-n 结构太阳电池的能带示意图。

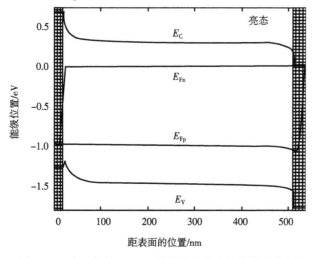

图 7.16　光照条件下 p-i-n 结构太阳电池的能带示意图

在 p-i-n 结构太阳电池中,i 层的厚度对其转换效率有着直接影响。这是因为太阳电池的光吸收区决定着太阳电池的内建电场强弱、光吸收载流子数量的多寡以及收集效率的高低等。因此,一个优化的 i 层厚度对于提高 Si 基薄膜太阳电池的转换效率至关重要。

7.4.3　光谱响应

虽然 μc-Si:H 薄膜的长波光吸收系数比 α-Si:H 薄膜高,但短波光吸收系数却小得多。为了提高太阳电池的短路电流,μc-Si:H 薄膜太阳电池的本征层要比 α-Si:H 薄膜太阳电池的本征层厚许多。通常情形下,μc-Si:H 薄膜太阳电池的本征层厚度为 1~2μm。由于 μc-Si:H 薄膜太阳电池具有优良的长波响应,所以其短路电流比 α-Si:H 薄膜太阳电池的要大,图 7.17 示出了 α-Si:H 和 μc-Si:H 薄膜太阳电池的光谱响应曲线[15]。由图可以看出,α-Si:H 薄膜太阳电池在波长为 800nm 时,其光谱响应基本趋于零,而 μc-Si:H 薄膜太阳电池的光谱响应将延伸到 1000nm。即使在 1100nm处,还将有 15%~20% 的光谱响应。这种良好的光谱响应是由于μc-Si:H薄膜的光学带隙比 α-Si:H 薄膜要窄,其值在 1.2~1.3eV。

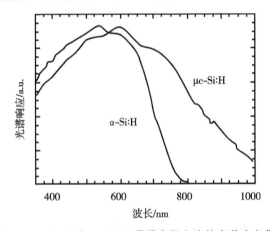

图 7.17　α-Si:H 和 μc-Si:H 薄膜太阳电池的光谱响应曲线

7.4.4　光照稳定性

图 7.18(a)示出了 μc-Si:H 与 α-Si:H 薄膜太阳电池的光照特性。由图可以看出,在整个光照时间内,μc-Si:H 薄膜太阳电池的转换效率无衰退现象,这是由于μc-Si:H薄膜内的微晶粒致密性得到明显改善,从而降低了由于杂质扩散所引起的电池效率衰退。事实上,许多 μc-Si:H 薄膜太阳电池会呈现出不同程度的光诱导衰退。这种光致衰退现象主要是由于短波长的光所引起,图 7.18(b)示出了 nc-Si:H 和 α-SiGe:H 薄膜太阳电池在光照射下转换效率的衰退曲线。在红光照射条件下,nc-Si:

H 薄膜太阳电池转换效率没有衰退现象。而在蓝光照射条件下,其转换效率将随时间明显衰退[16]。

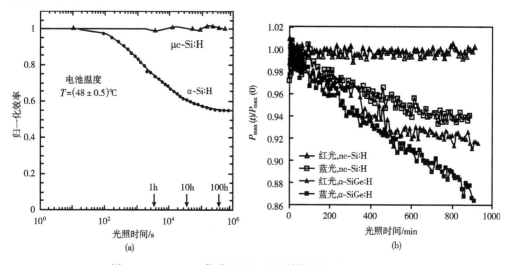

图 7.18　μc-Si:H 薄膜太阳电池的转换效率随时间的变化

如前所述,nc-Si:H 薄膜也具有良好的光照稳定性,图 7.19 示出了 nc-Si:H、α-Si:H 和 α-SiGe:H 三种单结薄膜太阳电池在正向偏压下填充因子随时间的变化规律。很显然,对于 α-Si:H 和 α-SiGe:H 薄膜太阳电池来说,随着外加正向偏压时间的持续增加,其填充因子下降很快,而 nc-Si:H 薄膜太阳电池的填充因子则无明显变化。α-Si:H 薄膜呈现出固有的光致衰退效应,起因于内部存在着大量的悬挂键。而 nc-Si:H 薄膜是一种典型的纳米结构,它由大量的纳米晶粒和包围这些晶粒的界面形成,由于在正向偏压条件下注入 nc-Si:H 薄膜中的过剩载流子是通过晶粒输运的,一般不会产生由缺陷产生的俘获中心对载流子的复合,从而有效抑制了 α-Si:H 薄膜的光致衰退现象[17]。

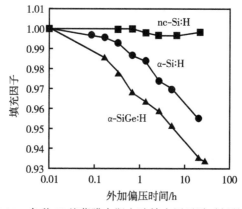

图 7.19　各种 Si 基薄膜太阳电池填充因子随时间的变化

7.4.5　电场崩溃效应

α-Si:H 薄膜太阳电池中光生载流子在电场下的漂移对其转换效率有着重要影响。为了最大限度地提高转换效率,光生电子和空穴应该彼此互不影响地漂移过吸收层。最终,电子被 n 层收集和空穴被 p 层收集。但是,如果发生电子与空穴相互"湮灭"的情形,那么电池就会产生功率损失,这种损失过程称之为"电场崩溃效应"。这主要是由于在强光照射条件下,吸收区中发生了电荷的积累。如果这种"空间电荷密度"过大,那么横跨太阳电池内部的电场将会"崩溃",而"崩溃"的电场将会减少太阳电池收集载流子的范围,从而使其转换效率降低。

7.4.6　本征吸收层厚度

一个优化的本征吸收层厚度,可以使太阳电池获得较高的转换效率,图 7.20 示出了由计算得到的 p-i-n 结构太阳电池的输出功率与本征层厚度的依赖关系。当光从 p 层入射时,对于相当薄的本征层,输出功率与所吸收的光子数目成正比关系,即与厚度 d 和光吸收系数 α 的乘积成正比。在此范围内,填充因子具有比较理想的值,大约在 0.8 左右。当电池厚度增加时,对于 $\alpha=10^5\,\mathrm{cm}^{-1}$ 的强照射情形,输出功率饱和发生在厚度大于 100nm 时,这是入射光子被吸收的典型距离。由于更厚的电池不会吸收更多的光,输出功率在大于这个厚度时就不再增加。对于 $\alpha=5\times10^3\,\mathrm{cm}^{-1}$ 的弱照射吸收,当本征层在大约 300nm 时,输出功率达到饱和。对于 $\alpha=5\times10^4\,\mathrm{cm}^{-1}$ 光强照射的情形,如果光从 n 层入射,当本征层厚度约为 200nm 时,光产生基本上是均匀的。此时,从 p 层照射和从 n 层照射没有差别。但是,对于较厚的电池,从 n 区

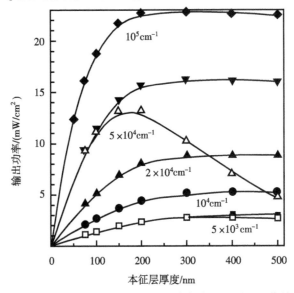

图 7.20　p-i-n 结构太阳电池的输出功率与本征层厚度的依赖关系

照射得到的功率比从 p 层照射有明显下降。输出功率下降的主要原因是空穴需要漂移更长的距离才能到达 p 层。这样,迁移较慢的空穴会产生积累,其电荷带来电场崩溃,因而导致载流子复合与输出功率的损失[18]。

7.4.7　n-i-p 结构 Si 基薄膜太阳电池

与 p-i-n 结构相对应的是 n-i-p 结构,这种电池结构通常是沉积在不透明的不锈钢衬底上。其制作工艺是,首先在衬底上沉积背反射层,然后在其上依次沉积 n 层、i 层和 p 层的 α-Si:H 或 μc-Si:H薄膜,图 7.21 示出了 n-i-p 结构的 Si 基薄膜太阳电池剖面示意图。与 p-i-n 结构相比,n-i-p 结构具有以下几个特点:①作为 n-i-p 结构的背反射层,通常采用 ZnO 层。由于 ZnO 材料性能稳定,因此不易被等离子体中的氢离子蚀刻掉。

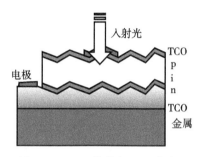

图 7.21　n-i-p 结构的 Si 基薄膜
太阳电池剖面示意图

②电子的迁移率比空穴迁移率高得多,所以 n 区的沉积参数范围比较宽。③由于 p 层是沉积在 i 层上,所以 p 层可采用 μc-Si:H。而采用 μc-Si:H 作为 p 层具有电导率较高,短波响应好等优点,因此可以有效增加太阳电池的开路电压。

然而,该结构也有一些缺点。首先,由于要在顶电池 ITO 电极上加金属栅电极用于增加其电流的收集效率,所以电池的有效受光面积会因此而减小;其次,由于 ITO 的厚度较薄,其本身很难具有粗糙的绒面结构,所以其光散射效应主要取决于背散射膜的绒面结构,这样势必会增加对背反射膜质量的要求。

7.5　p-i-n 结构 α-Si:H 薄膜太阳电池的 J-V 特性

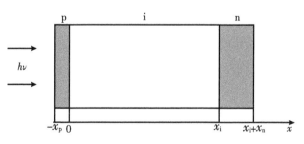

图 7.22　α-Si:H 薄膜太阳电池的
p-i-n 结构示意图

图 7.22 示出了一个 α-Si:H 薄膜太阳电池的 p-i-n 结构示意图,其 J-V 特性可以利用耗尽层近似得到。设 p-i-n 结构的 p 层、i 层和 n 层厚度分别为 x_p、x_i、x_n,$x=0$ 为 p 层和 i 层的界面,p 层和 n 层的掺杂浓度分别为 N_A 和 N_D,并假设 i 层为轻施主掺杂,其掺杂浓度为 N_i,在此基础上可以计算各种电流密度[19]。

太阳电池的净电流可由下式给出

$$J(0,x_i) = -J_n(0) - J_p(x_i) - J_{scr}(0,x_i) \quad (7.5)$$

其中

$$J_n(0) = J_n^{gen}(0) + J_n^{rec}(0) \quad (7.6)$$

$$J_p(x_i) = J_p^{gen}(x_i) + J_p^{rec}(x_i) \quad (7.7)$$

$$J_{scr}(0,x_i) = J_{scr}^{gen}(0,x_i) + J_{scr}^{rec}(0,x_i) \quad (7.8)$$

以上各式中，$J_n(0)$ 为 n 层中的电子电流，$J_p(x_i)$ 为 p 层中的空穴电流，$J_{scr}(0,x_i)$ 为 i 层中的电流，$J_n^{gen}(0)$，$J_p^{gen}(x_i)$ 和 $J_{scr}^{gen}(0,x_i)$ 分别为 n 层、p 层和 i 层中的产生电流，$J_n^{rec}(0)$，$J_p^{rec}(x_i)$ 和 $J_{scr}^{rec}(0,x_i)$ 分别为 n 层、p 层和 i 层的复合电流。

由于在掺杂的 α-Si:H 薄膜太阳电池中，少子扩散长度 L_n 和 L_p 很短，因此从 n 层和 p 层收集的产生电流 $J_n^{gen}(0)$ 和 $J_p^{gen}(x_i)$ 可以忽略不计。又因为 n 层和 p 层非常薄，一般只有 10nm 左右，故与 i 层的复合电流 $J_{scr}^{gen}(0,x_i)$ 相比，复合电流 $J_n^{gen}(0)$ 和 $J_p^{gen}(x_i)$ 也可以忽略不计，于是有

$$J_n(0) = J_p(x_i) = 0 \quad (7.9)$$

这样，在一级近似中，净电流 $J(0,x_i)$ 在数值上等于空间电荷区电流 $J_{scr}(0,x_i)$，故由式(7.5)和式(7.8)可得

$$J(0,x_i) = -J_{scr}(0,x_i) = -J_{scr}^{gen}(0,x_i) - J_{scr}^{rec}(0,x_i) = J_{sc} - J_{dark}(V) \quad (7.10)$$

式中

$$J_{sc} = -J_{scr}^{gen}(0,x_i) \quad (7.11)$$

$$J_{dark}(V) = J_{scr}^{rec}(0,x_i) \quad (7.12)$$

对于一个 p-i-n 结构而言，复合电流 J_{rec} 可由萨-诺伊斯-肖克莱近似式给出，即

$$J_{dark}(V) = J_{scr}^{rec}(0,x_i) = \frac{qn_i x_i}{\sqrt{\tau_n \tau_p}} - \frac{2\sinh(qV/2kT)}{q(V_{bi} - V)/kT} \quad (7.13)$$

式中，n_i 为本征载流子浓度，τ_n 和 τ_p 分别为 i 层中的电子与空穴寿命，V_{bi} 为 p-i-n 结构的内建电压。

如果 p-i-n 结构 α-Si:H 薄膜太阳电池具有理想的载流子收集效率，则 i 层中的短路电流 $J_{sc}(J_{ph})$ 可由下式给出

$$J_{sc} = J_{ph} = -J_{scb}^{gen} = q(1-R)\exp(-\alpha x_p)\left[1 - \exp(-\alpha x_i)\right]\int b_s(E)dE \quad (7.14)$$

式中，R 为太阳电池的光反射系数，α 为太阳电池的光吸收系数和 $b_s(E)$ 为太阳光子通量。

7.6 Si 基薄膜叠层太阳电池

由第 6 章的讨论我们认识到，为了提高太阳电池的转换效率，设计和制作多结叠层太阳电池是一条可行途径。对于 Si 基薄膜太阳电池来说，利用具有不同光学带隙的 α-Si:H 薄膜、μc-Si:H 薄膜、α-SiGe 薄膜和 nc-Si:H 薄膜，通过优化它们的带隙能

量组合,也可以制作各种 Si 基薄膜叠层太阳电池。不过,Si 基薄膜叠层太阳电池与高效率Ⅲ-Ⅴ族化合物叠层太阳电池在器件结构上是不同的。前者本质上还是一个 p-i-n 结构太阳电池,而后者的各子电池之间是通过具有高性能的隧穿结进行连接的。

从原理上讲,如果采用光学带隙为 1.8～2.7eV 的 α-SiC:H 薄膜作为光入射窗口层,采用光学带隙为 1.8eV 的 α-Si:H 薄膜作为 p 层,而以具有较窄光学带隙的 μc-Si:H、α-SiGe:H 或 nc-Si:H 薄膜作为 i 层和 n 层,并分别使其吸收蓝光、可见光和红外线,可以使太阳电池获得较高的转换效率。事实上,采用这些 Si 基薄膜材料的优化组合制作的 p-i-n 结构或 n-i-p 结构的叠层太阳电池转换效率已达 13％～15％。图 7.23(a)和(b)分别示出了一个 α-Si:H/ α-SiGe:H/α-SiGe:H 三结太阳电池的器件结构和带隙能量组合,该太阳电池在 AM1.5 光照下的初始转换效率为 14.6％,稳定转换效率为 13％[20]。

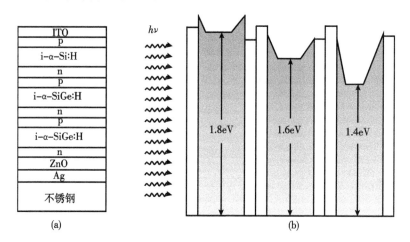

图 7.23　α-Si:H/ α-SiGe:H/α-SiGe:H 三结太阳电池的器件结构(a)和带隙能量组合(b)

7.7　pc-Si 薄膜太阳电池

如前所述,pc-Si 薄膜是由大尺寸的 Si 晶粒和晶间界面组成的材料,其晶粒尺寸一般为 1～3μm。由于 pc-Si 薄膜既具有与 c-Si 相比拟的良好光吸收特性,又呈现出与 μc-Si:H 薄膜相类似的光照稳定性,因而被公认为是一种优良的光伏材料。在 AM1.5 照射条件下,采用 pc-Si 薄膜制作的太阳电池转换效率可达 13％以上。

一般来说,pc-Si 薄膜太阳电池的器件结构也采用 p-i-n 结构形式。对于 pc-Si 薄膜太阳电池而言,影响其光伏性能的主要因素有两个:一个是 Si 晶粒尺寸,另一个则是晶粒间界。一般而言,增大 Si 晶粒尺寸可以增加光生载流子的扩散长度,从而使其迁移率和光电导率进一步增加;另外,Si 晶粒尺寸增大带来的另一个直接结果是膜层中晶粒间界数量的减少。作为增大 Si 晶粒尺寸的方法可以通过直接控制成核过程和采用 Al 诱导晶化方法得以实现[21]。采用这些方法获得的 Si 晶粒尺寸可以达到 5～10μm,由此其转换效率可以进一步提高。

　　通过钝化晶界和使晶粒具有择优取向,可以避开因晶界中的陷阱中心对载流子复合造成的不利影响,以此提高光生载流子的寿命。作为界面钝化方法通常采用 H 等离子体钝化和利用 $SiN_x:H$ 薄膜层钝化。实验结果指出,经过钝化处理的 pc-Si 薄膜太阳电池性能可以获得有效改善,图 7.24(a)示出了由 H 等离子体处理所导致 pc-Si薄膜电阻率随退火温度的变化。可以看出,经 H 等离子处理后,晶粒尺寸为 5μm 的 pc-Si 薄膜的电阻率显著降低,即电导率明显增加,这是由于 H 原子的引入饱和了部分晶粒界面中的悬挂键所导致。图 7.24(b)示出了经 H 等离子处理后,pc-Si

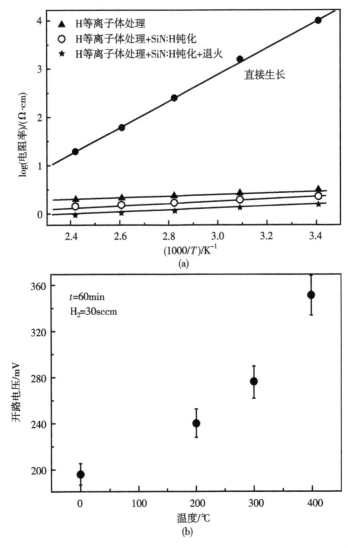

图 7.24　H 等离子体处理对 pc-Si 薄膜电阻率(a)和太阳电池开路电压(b)的影响

薄膜太阳电池的开路电压的变化。可以看出,随着处理温度从 0℃增加到 400℃,其开路电压从 240mV 增加到了 360mV[22]。

参 考 文 献

[1] 彭英才,于威,等.纳米太阳电池技术.北京:化学工业出版社,2010

[2] 何宇亮,陈光华,张仿清.非晶态半导体物理学.北京:高等教育出版社,1989

[3] 彭英才,何宇亮.纳米硅薄膜研究的最新进展.稀有金属,1999,23:42

[4] Green M A. 太阳能电池-工作原理、技术和系统应用.狄大卫,曹昭阳,李秀文,等,译.上海:上海交通大学出版社,2010

[5] 刘恩科,朱秉升,罗晋生.半导体物理学.4 版.北京:国防工业出版社,1994

[6] 何宇亮,余明斌,胡根友,等.一种纳米硅薄膜的传导机制.物理学报,1997,46:1636

[7] 王阳元,关旭东,马俊如.集成电路工艺基础.北京:高等教育出版社,1991

[8] 熊绍珍,朱美芳.太阳能电池基础与应用.北京:科学出版社,2009

[9] Staebler D L, Wronski C R. Reversible conductivity changes in discharge-produced amorphous Si. Appl. Phys. Lett., 1977, 31:292

[10] Vetterl O, Figer F, Carius R, et al. Intrinsic microcrystalline silicon: A new material for photovoltaics. Sol. Energy Mater. Sol. Cells., 2000, 62:97

[11] 小长井诚,山口真史,近藤道雄.太阳电池的基础与应用.东京:培风馆,2010

[12] Kim S K, Cho C H, Kim B H, et al. Electrical and optical characteristics of silicon nanocrystal solar cells. Appl. Phys. Lett., 2009, 95:143120

[13] Rath J K. Low temperature polycrystalline silicon: A review on deposition, physical properties and solar cell applications. Sol. Energy Mater. Sol. Cells., 2003, 76:431

[14] McEvoy A. 实用光伏手册-原理与应用(上)(英文影印本).北京:科学出版社,2013

[15] Shah A V, Meier J, Vallat-Sauvain E, et al. Material and solar cell research in microcrystalline silicon. Sol. Energy Mater. Sol. Cells., 2003, 78:469

[16] Yan B, Yue G, Owens J M, et al. Effects of Ti-W codoping on the optical and electrical switching of vanadium dioxide thin films grown by a reactive pulsed laser deposition. Appl. Phys. Lett., 2004, 85:1755

[17] Yue G, Yan B, Yang J, et al. Effect of electrical bias on metastability in hydrogenated nanocrystalline silicon solar cells. Appl. Phys. Lett., 2005, 86:092103

[18] Luque A, Hegedus S,等.光伏技术与工程手册.王文静,李海玲,周春兰,等,译.北京:机械工业出版社,2011

[19] Nelson J. 太阳能电池物理.高扬,译.上海:上海交通大学出版社,2011

[20] Yang J, Banerijee A, Guha S. Triple-junction amorphous silicon alloy solar cell with 14.6% initial and 13.0% stable conversion efficiencies. Appl. Phys. Lett., 1997, 70:2975

[21] 彭英才,姚国晓,马蕾,等.提高多晶 Si 薄膜太阳电池转换效率的途径.微纳电子技术,2008,45:187

[22] Slaoui A, Pihan E, KaI, et al. Passivation and etching of fine-grained polycrystalline silicon films by bydrogen treatment. Sol. Energy Mater. Sol. Cells., 2006, 90:2087

第8章 Cu(In、Ga)Se₂薄膜太阳电池

CuInSe₂薄膜太阳电池是以多晶 CuInSe₂(CIS)半导体薄膜为吸收层制作的太阳电池。如果由 Ga 元素部分取代 In 元素,可以使 CuInSe₂薄膜变成 Cu(In、Ga)Se₂(CIGS)薄膜。与此相应,以 CIGS 薄膜为光吸收层制作的太阳电池称为 CIGS 薄膜太阳电池。CIGS 材料属于 I-Ⅲ-Ⅵ₂族四元系化合物半导体,具有黄铜矿晶体结构。由于 GIGS 为直接带隙材料,禁带宽度在 $1.04\sim1.67\mathrm{eV}$ 范围内连续可调,并具有高达 $10^5\mathrm{cm}^{-1}$ 的可见光吸收系数,因此 CIGS 薄膜太阳电池具有转换效率高、抗辐照能力强和电池稳定性好等优异特点,使其在新一代薄膜太阳电池的发展中占有重要的一席之地。

除了 Cu(In、Ga)Se₂材料之外,CdTe 材料也具有优异的光伏性质。尤其是它的 1.5eV 的禁带宽度,恰好处在太阳光谱的最佳能量吸收范围。而且它所呈现的直接带隙性质,使其具有较高的光吸收系数,这些都使得 CdTe 薄膜太阳电池具有良好的发展前景。本章主要介绍 CIGS 薄膜材料的物理性质、CIGS 薄膜太阳电池的器件结构与光伏性能。最后,对 CdTe 薄膜太阳电池进行简单介绍。

8.1 CIGS 薄膜材料的物理性质

8.1.1 结构性质

1. 晶体结构

CIS 是一种典型的 I-Ⅲ-Ⅵ₂族化合物材料。热力学分析指出,CIS 的相变温度分别为 665℃ 和 810℃。当温度低于 665℃ 时,它以黄铜矿结构的形式存在。当温度高于 810℃ 时,则呈现出闪锌矿结构。在 CIS 晶体中,每个 Cu 和 In 阳离子有四个最近邻的 Se 阴离子。以阳离子为中心,阴离子位于体心立方的四个不相邻的角上。同样,每个 Se 阴离子的最近邻有两个阳离子。以阴离子为中心,两个 Cu 离子和两个 In 离子位于四个角上。由于 Cu 和 In 原子的化学性质完全不同,导致 Cu—Se 键和 In—Se 键的长度和离子性质不同,以 Se 原子为中心构成的四面体也不是完全对称的。图 8.1(a)和(b)分别示出了 ZnSe 的闪锌矿结构和 CuInSe₂的黄铜矿结构形式。

CIS 的晶格常数 $a=0.579\mathrm{nm}$,$c=1.161\mathrm{nm}$,c/a 的比值为 2.006。当由 Ga 部分取代 CIS 中的 In 后,它便形成了 $\mathrm{CuIn}_x\mathrm{Ga}_{1-x}\mathrm{Se}_2$。由于 Ga 的原子半径比 In 小,故随着 Ga 含量的增加,黄铜矿结构的晶格常数变小[1]。

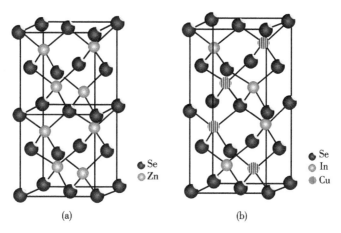

图 8.1　ZnSe 的闪锌矿(a)和 CuInSe₂ 的黄铜矿(b)晶格结构示意图

2. 化学组成

CIS 和 CIGS 的物理和化学性质与其组分密切相关,它们的体系状态随温度、压力和组分而变化。在 $Cu_2Se\text{-}In_2Se_3$ 系统中,可能存在的相图如图 8.2(a)所示。当温度低于 780℃ 时,单相 CIS 存在的范围在 Cu 含量为 $24\%\sim24.5\%$ 原子分数的一个窄小区域内。随着富 Cu 含量的增加,薄膜呈现为富 Cu 相和 α-CIS 相的两相混合物,在相同贫 Cu 一侧存在着其他相。随着 Cu 含量的降低,依次存在着 β-CIS$(CuIn_3Se_5)$ 和 γ-CIS$(CuIn_5Se_8)$,最终变为 In_2Se_3。四元系 CIGS 的热力学反应更为复杂,图 8.2(b)示出了 $Cu_2Se\text{-}In_2Se_3\text{-}Ga_2Se_3$ 系统的相图。在室温条件下,随着Ga/In 比例在贫 Cu 薄膜中的增大,单相 α-CIGS 存在的区域出现宽化现象,这是由于 Ga 的中性缺陷对 $(2V_{Cu}+Ga_{Cu})$ 比 In 缺陷对 $(2V_{Cu}+In_{Cu})$ 具有更高的形成能。

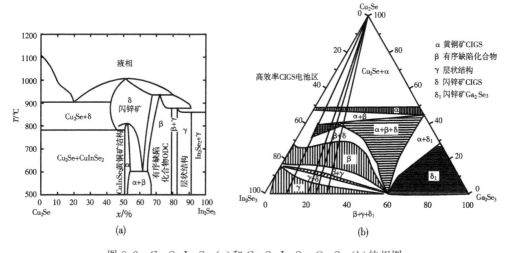

图 8.2　$Cu_2Se\text{-}In_2Se_3$(a)和 $Cu_2Se\text{-}In_2Se_3\text{-}Ga_2Se_3$(b)的相图

8.1.2　禁带宽度

半导体材料的禁带宽度直接影响着其光吸收特性。CIGS 是一种直接带隙半导体材料,具有高达 $10^5\,\mathrm{cm}^{-1}$ 的光吸收系数,是设计和制作化合物薄膜太阳电池的理想材料。它的禁带宽度与形成薄膜的化学组分直接相关,当薄膜中的 Ga 原子含量为 0 时,CIS 薄膜的禁带宽度为 1.02eV。当薄膜中 Ga 的原子含量为 100％时,CuGaSe$_2$ 薄膜的禁带宽度为 1.67eV。也就是说,材料的禁带宽度随 Ga/(In＋Ga)的比值在 1.02~1.67eV 变化。假设在薄膜中 Ga 的原子分布是均匀的,则 CIGS 的禁带宽度 E_g 与组分数 x 的关系可由下式给出[2]

$$E_g(x) = 1.00 + 0.564x + 0.116x^2 \tag{8.1}$$

图 8.3 示出了 Cu(In、Ga)Se$_2$ 的禁带宽度随 Ga 组分数 x 的变化关系,很显然二者呈典型的线性依赖关系。

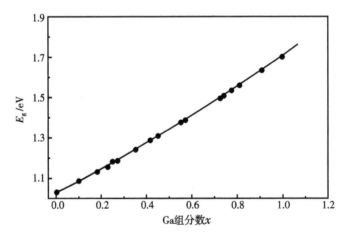

图 8.3　CIGS 的禁带宽度随 Ga 组分数 x 的变化关系

8.1.3　导电特性

CIGS 的导电类型与薄膜组分直接相关。Cu(In、Ga)Se$_2$ 的偏离化学计量比程度可以表示如下

$$\Delta x = \frac{[\mathrm{Cu}]}{[\mathrm{In}+\mathrm{Ga}]} - 1 \tag{8.2}$$

$$\Delta y = \frac{2[\mathrm{Se}]}{[\mathrm{Cu}]+3[\mathrm{In}+\mathrm{Ga}]} - 1 \tag{8.3}$$

式中,Δx 为化合物中金属原子比的偏差,Δy 为化合物中化合价的偏差。[Cu]、[In] 和[Se]分别为相应组分的原子数,根据 Δx 和 Δy 的值可以分析 Cu(In、Ga)Se$_2$ 中的导电类型[3]。

当 CIGS 中的 Se 含量小于化学计量比,即 $\Delta y < 0$ 时,晶体中因缺少 Se 将会形成 Se 的空位。Se 原子的缺失使得离它最近的 Cu 原子和 In 原子的一个外层电子失去共价电子,从而变得不稳定。此时,V_{Se} 相当于施主杂质,它可以向导带提供电子。当 Ga 部分取代 In 时,由于 Ga 的电子亲和势大,Cu 和 Ga 的外层电子相互结合形成电子对,这时 V_{Se} 不会向导带提供电子,因此 CIGS 的 n 型导电性将随 Ga 含量的增加而下降。

当 CIS 中缺少 Cu,即 $x < 0$ 和 $y < 0$ 时,晶体内形成 Cu 的空位 V_{Cu},或者 In 原子替代 Cu 原子的位置形成替位缺陷 In_{Cu}。Cu 有两种空位态,一种是 Cu 原子离开晶格点,形成的是中性空位,即 V_{Cu}。另一种是 Cu^+ 离开格点位置,将电子留在空位上形成空位 V_{Cu}^-。此外,替位缺陷 In_{Cu} 也有多种价态。当 Δx 和 Δy 取值不同时,CIS 中的点缺陷种类和数量将有所不同。

8.1.4　光吸收谱

CIS 系直接带隙半导体,具有良好的光吸收特性。由图 8.4 可以看出,CIS 的光吸收系数比 c-Si 高两个数量级,比直接带隙的 GaAs 也高出一个数量级。与 CdTe 相比,它除了可以吸收可见光之外,在红外区域也有很好的光吸收特性。实验表明,采用 2μm 厚的光吸收层,就可以制作高效率的 CIGS 薄膜太阳电池。

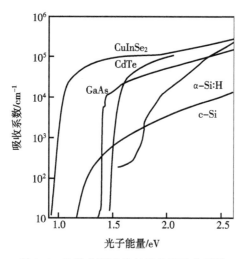

图 8.4　几种主要光伏材料的光吸收系数

8.2　CIGS 薄膜太阳电池的器件结构

一个典型的 CIGS 薄膜太阳电池的器件结构如图 8.5(a)所示。该电池主要由玻璃衬底、Mo 背接触层底电极、CIGS 光吸收层、CdS 缓冲层、Al-ZnO 窗口层、MgF₂减反射层以及顶电极 Ni-Al 等组成,图 8.5(b)示出了该薄膜太阳电池的 ZnO/CdS/Cu(In、Ga)Se$_2$ 界面的能带结构。下面,分别简单介绍各层材料的物理性质及其在 CIGS 薄膜太阳电池中所起的重要作用[4]。

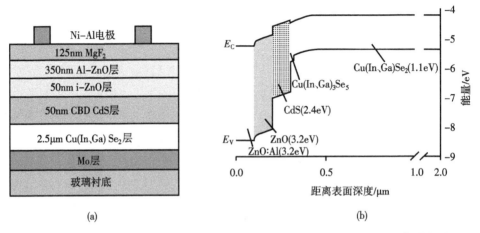

图 8.5　CIGS 薄膜太阳电池的器件结构(a)与 ZnO/CdS/Cu(In、Ga)Se$_2$ 界面的能带结构(b)

8.2.1　衬底材料与 Mo 背接触层

钠钙玻璃的热膨胀系数为 $9 \times 10^{-6} \mathrm{K}^{-1}$,与 Cu(In、Ga)Se$_2$ 薄膜匹配很好,因此常用作 CIGS 薄膜太阳电池的衬底。它对 Cu(In、Ga)Se$_2$ 薄膜生长最重要的影响是在其生长过程中向薄膜提供 Na,因为 Cu(In、Ga)Se$_2$ 薄膜的微结构与 Na 的存在直接相关,Na 可使薄膜形成更大的晶粒和更一致的结晶取向。

背接触层处于 CIGS 薄膜太阳电池的最底层,它直接沉积在玻璃或柔性衬底上,然后在其上沉积光吸收层。因此,背接触层的选择必须要求与光吸收层之间有着良好的欧姆接触,以尽量降低二者之间的界面缺陷,因为这对减少载流子的界面复合是非常有利的。与此同时,背接触层作为整个电池的底电极,承载着功率输出的重任,因此自身必须具有优异的导电特性。此外,从器件的稳定性考虑,还要求背接触层既要与衬底材料之间具有良好的物理附着性能,而且要求它与其上的 CIGS 吸收层不发生化学反应。实验证实,由于 Mo 与 CIS 之间具有较低的接触势垒(0.3eV),因此是制作 CIGS 薄膜太阳电池背接触层的最佳选择。

8.2.2　CdS 缓冲层与 ZnO 窗口层

为了减小 ZnO 光入射窗口层与 CIGS 光吸收层之间的带边失调值之差,可在二者之间设置 II-VI 族的 CdS 薄膜缓冲层。CdS 是一种直接带隙的 n 型半导体,其禁带宽度为 2.4eV,它在窄带隙的 CIGS 吸收层和宽带隙的 ZnO 层之间形成一个过渡,可以合理地调整带边失调值之差,这对于改善太阳电池的光伏性能将起到十分重要的作用。除此之外,设置 CdS 缓冲层还具有以下两个用途:一是可以防止射频溅射 ZnO 薄膜时对 CIGS 吸收层产生晶格损伤,二是可以有效减小 ZnO 与 CIGS 之间的晶格失配,从而有利于改善二者之间的界面特性。

　　ZnO 是一种直接带隙的宽带隙半导体材料,室温下的禁带宽度为 3.2eV,自然生长的 ZnO 呈 n 型。它与 CdS 薄膜一样,属于六方晶系纤锌矿结构,而且与 CdS 之间有着很好的晶格匹配特性。由于 n 型 ZnO 和 CdS 的禁带宽度都远大于 CIGS 吸收层的禁带宽度,太阳光能量大于 3.2eV 的光子被 ZnO 层所吸收,能量介于 2.4eV 和 3.2eV 之间的光子被 CdS 层所吸收,而能量介于 CIGS 禁带宽度与 2.4eV 之间的光子才会被 CIGS 层吸收,并对光电流产生贡献,这就是异质结的窗口效应。

8.2.3　Ni-Al 顶电极与 MgF₂减反射层

　　一般而言,CIGS 薄膜太阳电池的顶电极是采用真空蒸发制备的 Ni-Al 栅状电极。Ni 不仅能很好地改善 Al 与 ZnO:Al 窗口层的欧姆接触,而且还可以防止 Al 向 ZnO 薄膜中的扩散,从而改善了太阳电池的稳定性。整个 Ni-Al 电极的厚度为 $1\sim2\mu m$,其中 Ni 的厚度约为 $0.05\mu m$。

　　为了减少入射太阳光在太阳电池表面的反射损失,通常要在窗口层上面沉积一层减反射膜。从折射率的角度而言,减反射膜的折射率应该等于衬底材料折射率的平方根。对于 CIGS 薄膜来说,ZnO 窗口层的折射率为 1.9,因此减反射膜的折射率应为 1.4 左右。由于 MgF₂的折射率为 1.39,故它满足 CIGS 薄膜太阳电池的减反射层条件。除了折射率之外,MgF₂的机械性能和化学稳定性等条件也满足作为 CIGS 薄膜太阳电池减反射层的要求。

8.3　CIGS 薄膜太阳电池的光伏性能

8.3.1　能带特性

　　图 8.6 示出了一个典型 CIGS 的薄膜太阳电池的能带结构。由图可以看出,将一个由 CIS 组成的 pn 结深入到内部而远离有较多缺陷的 CdS/CuInSe₂界面,可以降低界面的载流子复合。与此同时,吸收层附近价带的下降形成一个空穴的输运势垒,使界面处空穴浓度减小,这样也可以降低界面载流子的复合。因此,CIGS 表面贫 Cu 的存在,有利于太阳电池光伏性能的提高。

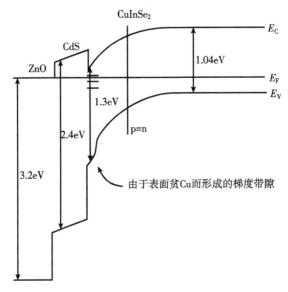

图 8.6 一个典型 Cu(In、Ga)Se₂ 薄膜太阳电池的能带结构

研究证实,CdS/CIGS 的导带边失调值 ΔE_C 对太阳电池的光伏性能有着重要影响。利用理论模拟计算可以得到太阳电池的 J_{sc}、V_{oc}、FF 和 η 随 ΔE_C 的变化关系,如图 8.7 所示。对于 J_{sc} 而言,当 ΔE_C 在 $-0.7\sim0.4\,eV$ 变化时,J_{sc} 几乎不变,保持一常数值;而当 ΔE_C 大于 $0.4\,eV$ 时,J_{sc} 急剧下降;对于 V_{oc} 来说,当 $-0.7\,eV<\Delta E_C<0\,eV$ 时,V_{oc} 随 ΔE_C 增加而增大;当 $\Delta E_C>0$ 时,V_{oc} 几乎为一常数;FF 和 η 随 ΔE_C 的变化呈现出先增加而后饱和,最后急剧下降的相同变化趋势。下面,将具体讨论 CIGS 的太阳电池的光伏参数[5]。

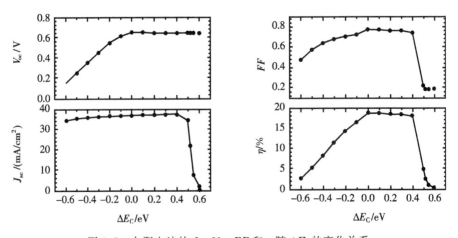

图 8.7 太阳电池的 J_{sc}、V_{oc}、FF 和 η 随 ΔE_C 的变化关系

8.3.2　短路电流

如上所述,Cu(In、Ga)Se₂的太阳电池是一个由多层薄膜与界面组成的光伏器件。当入射光照射到电池表面时,必须通过窗口层和缓冲层才能进入到光吸收层中去。由于窗口层和缓冲层的反射与吸收,到达吸收层的光将会减少。这就说明,在CIGS 太阳电池中存在着各种光学与电学损失机制,它们会制约着太阳电池短路电流密度的提高,图 8.8 示出了一个高效率 ZnO/CdS/CIGS 异质结太阳电池中影响短路电流密度的各种损失途径。

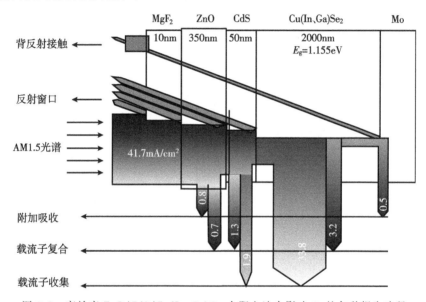

图 8.8　高效率 ZnO/CdS/Cu(In、Ga)Se₂太阳电池中影响 J_{sc} 的各种损失途径

理论计算指出,在大于 CIGS 禁带宽度的光子全部被吸收的情形下,其最大短路电流密度可达到 $42.8\mathrm{mA/cm^2}$。当存在各种损失时,将会使短路电流密度显著降低。这些损失主要包括:①由电流收集栅极遮挡表面而引起的光照损失;②空气与 ZnO/CdS/CIGS 界面的光反射损失;③ZnO 窗口层吸收造成的损失;④CdS 吸收波长小于 520nm 的光子造成的损失,它随 CdS 厚度增加而变大;⑤光子能量在 CIGS 的带边附近不能完全被吸收造成的损失;⑥CIGS 吸收层中的光生载流子不完全收集造成的损失。

8.3.3　开路电压

可以利用如图 8.9 所示的 ZnO/CdS/CIGS 异质结在开路情形下的复合过程,分析和讨论复合损失对开路电压的影响。由图可以看出,共包括以下几个复合途径:背接触的复合(A),中性区的复合(B),空间电荷区的复合(C),以及在 CIGS 吸收层与

CdS 缓冲层界面的复合(D)。背接触复合因 CIGS 吸收层与 MoSe₂ 层之间的带边失调值 ΔE_C^{back} 而减少，界面复合因 CIGS 吸收层与贫 Cu 表面层之间价带的带边失调值 ΔE_V^{int} 而减小[6]。

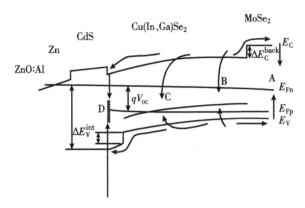

图 8.9 ZnO/CdS/Cu(In、Ga)Se₂ 异质结太阳电池在开路情形下的复合过程

太阳电池的复合电流密度 J_R 可由下式给出

$$J_R = J_0 \left\{ \exp\left(\frac{qV}{nkT}\right) - 1 \right\} \tag{8.4}$$

式中，V 为外加偏压，n 为二极管理想因子。饱和电流密度可由下式表示

$$J_0 = J_{00} \exp\left(\frac{-E_a}{nkT}\right) \tag{8.5}$$

式中，E_a 为激活能，指数前的因子 J_{00} 是一个与温度具有较强依赖关系的参数。

在开路条件，即 $V = V_{oc}$ 时，短路电流密度 J_{sc} 与复合电流密度 J_R 相等，因此由式(8.4)和式(8.5)可得

$$V_{oc} = \frac{E_a}{q} - \frac{nkT}{q}\ln\left(\frac{J_{00}}{J_{sc}}\right) \tag{8.6}$$

如果考虑到复合势垒的影响，V_{oc} 可由下式给出

$$V_{oc} = \frac{\phi_b}{q} + \frac{\Delta E_V^{int}}{q} - \frac{nkT}{q}\ln\left(\frac{J_{00}}{J_{sc}}\right) \tag{8.7}$$

式中，ϕ_b 为复合势垒。

8.3.4 填充因子

太阳电池的填充因子可由下式表示

$$FF = (FF)_0(1-R_s)\left[1 - \frac{(V_{oc}+0.7)(FF)_0(1-R_s)}{V_{oc}R_p}\right] \tag{8.8}$$

式中

$$(FF)_0 = \frac{V_{oc} - \ln(V_{oc}+0.72)}{V_{oc}+1} \tag{8.9}$$

$$R_s = r_s J_{sc}/V_{oc} \qquad (8.10)$$

$$R_p = r_p J_{sc}/V_{oc} \qquad (8.11)$$

式中，R_s 为串联电阻，R_p 为并联电阻。对于 CIGS 薄膜太阳电池，如果取 $r_s = 0.2\Omega \cdot cm^2$，$r_p = 10^4 \Omega \cdot cm^2$ 和 $n = 1.5$，可以得到 $J_{sc} = 35.2 mA/cm^2$，$V_{oc} = 678 mV$ 和 $FF = 78\%$。

8.3.5　量子效率

量子效率是指在某一波长入射光的照射下，太阳电池收集到的光生载流子与照射到电池表面的光子数之比。外量子效率 $EQE(\lambda)$ 测试是确定太阳电池短路电流密度 J_{sc} 的有效方法，二者的关系可由下式表示

$$J_{sc} = q \int_0^\infty \phi_{ph}(\lambda) \cdot EQE(\lambda) d\lambda \qquad (8.12)$$

式中，$\phi_{ph}(\lambda)$ 为 AM1.5 光照条件下波长为 λ 的光子流密度。

CIGS 薄膜太阳电池是由多层薄膜组成的光伏器件。入射光照射到电池表面上，必须通过 ZnO 窗口层和 CdS 缓冲层才能进入光吸收层。由于窗口层和缓冲层的反射与吸收，到达 CIGS 吸收层的光子数已经减少了，而太阳电池的光电流主要由吸收层所产生。如果定义每一波长下收集的电子-空穴对数与入射到 CIGS 吸收层中的光子数之比为内量子效率 $IQE(\lambda)$，那么 $EQE(\lambda)$ 和 $IQE(\lambda)$ 之间存在以下关系

$$EQE(\lambda) = T_G(\lambda)[1 - R_F(\lambda)][1 - \alpha_{ZnO}(\lambda)][1 - \alpha_{CdS}(\lambda)] \cdot IQE(\lambda) \quad (8.13)$$

式中，$T_G(\lambda)$ 是电池受光照的有效面积比，$R_F(\lambda)$ 为入射光到达各吸收层之前各层薄膜对光的总反射率，$\alpha_{ZnO}(\lambda)$ 为窗口层 ZnO 的吸收率和 $\alpha_{CdS}(\lambda)$ 为缓冲层 CdS 层的吸收率，图 8.10 示出了 CIGS 薄膜太阳电池的量子效率。可以看出，在 $500 \sim 1000 nm$

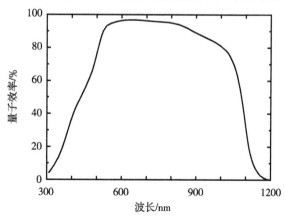

图 8.10　CIGS 薄膜太阳电池的量子效率

波长范围,太阳电池具有良好的光谱响应特性。尤其是在 600nm 波长,其量子效率可高达 90%。

8.3.6 抗辐照能力

研究表明,CIGS 薄膜太阳电池具有良好的抗辐照能力。图 8.11(a)示出了在 1MeV 电子辐照条件下输出功率的衰减情况。可以看出,随着 1MeV 电子流密度的增加,大多数太阳电池的输出功率呈现出衰退现象,尤其是 α-Si 薄膜太阳电池更是如此,而 CIGS 薄膜太阳电池却无任何衰减。[7]

但是,如果增加电子辐射强度到 3~4MeV,CIGS 薄膜太阳电池的输出功率将出现一定程度的功率衰退,这是由于高强度电子辐照在太阳电池吸收层内产生了缺陷损伤,因而造成载流子复合损失所导致。不过,与其他太阳电池一样,CIGS 薄膜太阳电池的辐照损伤可以采用真空退火的方法得到部分消除。图 8.11(b)是用 3MeV 电子辐照 CIGS 薄膜太阳电池后进行退火处理的实验结果。可以看出,其短路电流在稍高于室温下退火即开始恢复,到 360K 时基本恢复到辐照前的值。而开路电压在 360K 开始恢复,到 440K 时恢复到 600mV。

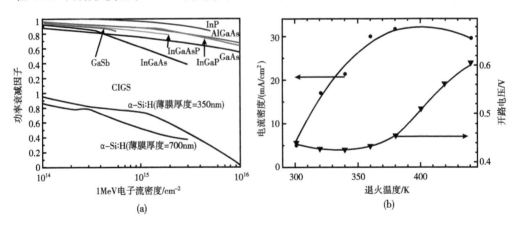

图 8.11 高能电子辐照下的转换效率、开路电压、填充因子和短路电流的衰减变化

8.3.7 温度特性

图 8.12 示出了由模拟得到的转换效率大于 18% 的 CIGS 薄膜太阳电池的光伏参数随温度的变化。可以看出,在 240~320K 范围内,短路电流密度几乎不随温度发生变化,而开路电压、填充因子和转换效率则均随温度升高而下降,这主要是由于随着温度升高,太阳电池的反向饱和电流随之而增大。

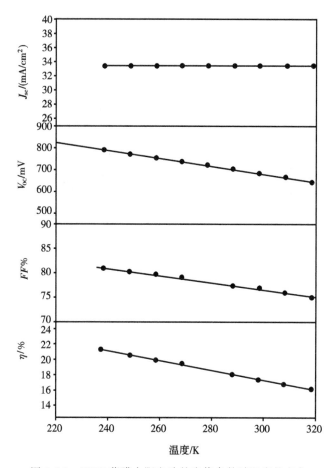

图 8.12　CIGS 薄膜太阳电池的光伏参数随温度的变化

8.4　CdTe 薄膜太阳电池

8.4.1　CdTe 材料的物理与化学性质

研究指出,CdTe 材料呈现出独特的物理与化学性质,它具有最高的平均原子数,最低的负产生焓,最低的融化温度,最大的晶格常数和最高的电离度。在电学性质方面,CdTe 表现出两性半导体特性,这使得 n 型与 p 型掺杂成为可能。CdTe 固体在常压下以面心立方的闪锌矿结构存在,晶粒直径为 6.481Å,键长为 2.806 Å,图 8.13(a)和(b)示出了从两个不同视角观察到的 CdTe 闪锌矿结构。一个是沿着最紧密排列的(111)面,阴离子和阳离子交替排列。沿(100)面,每个面上具有相同的阴阳离子数,二者都是 CdTe 薄膜中普遍遇到的晶格取向[8]。

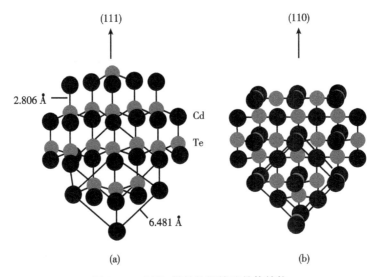

图 8.13　CdTe 材料的闪锌矿晶体结构

CdTe 体材料的光电性质起源于周期性晶格中价带顶和导带底附近的电子能带结构。价带顶和导带底同处于第一布里渊区的中心 Γ 点 $(k=0)$，由此导致 300K 时 1.5eV 的直接带隙性质。CdTe 带隙的温度变化率为-1.7meV/K，能带极值附近的曲率代表了导带电子有效质量和价带空穴有效质量，并且支配着载流子的输运性质。表 8.1 给出了 CdTe 的一些主要材料的物理与化学性质。

表 8.1　CdTe 的物理与化学性质

特　　性	数　　值	特　　性	数　　值
光学带隙	1.50 ± 0.01eV	电子迁移率	$500\sim1000$cm^2/(V·s)
温度依赖系数	-1.7meV/K	空穴迁移率	$50\sim80$cm^2/(V·s)
电子亲和力	4.28eV	晶格常数	6.481Å
吸收系数(600nm)	6×10^4cm^{-1}	Cd—Te 键长	2.806 Å
静电介电常数	9.4	熔点	1365K

8.4.2　CdTe 材料的光吸收系数

CdTe 是一种 II^{B}-VI^{A}族化合物半导体，为直接带隙材料，其禁带宽度几乎与太阳光谱光伏能量转换的最佳值相匹配，图 8.14 示出了 CdTe 与其他几种半导体材料的光吸收系数。由图可以看出，CdTe 所具有的 $E_g=1.5$eV 的禁带宽度和 $\alpha=5\times10^5$cm^{-1} 的光吸收系数，意味着从紫外线到 825nm 波长这样一个较宽的光谱范围内都具有较高的量子效率。

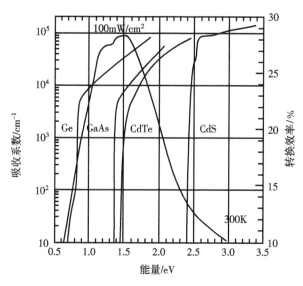

图 8.14　CdTe 与其他几种半导体材料的光吸收系数

8.4.3　CdTe 薄膜太阳电池的器件结构

　　高效率 CdTe 薄膜太阳电池是在玻璃衬底上制作的,其器件结构如图 8.15 所示。首先,在玻璃衬底上沉积一层透明导电氧化物(TCO)薄膜,如 SnO_2、ITO、Cd_2SnO_4 等。然后,采用化学气相沉积方法或磁控溅射技术制备 CdS 层。为了改善

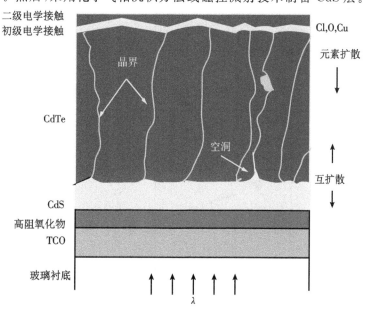

图 8.15　CdTe 薄膜太阳电池的器件剖面结构

太阳电池的光谱响应特性,CdS 层厚必须很薄,但这又很容易引起局部短路。为此,要在 CdS 层和高电导的 TCO 层之间增加一个高阻的 TCO 层。接着,采用近距离升华和气相输运沉积 CdTe 吸收层,并在 CdCl 蒸气和空气中进行退火处理。为了形成良好的背面接触,需要采用选择腐蚀形成富 Te 的 p^+ 背表面层,而后再沉积 Cu 薄膜或含 Cu 的高电导合金层。

8.4.4　CdTe 薄膜太阳电池的光伏性能

CdTe 薄膜太阳电池的 J-V 特性可由标准的二极管方程给出

$$J = J_0 \exp[(V - JR_s)/nkT] - J_{sc} + V/R_p \tag{8.14}$$

式中,J_0 为饱和电流密度,n 为二极管品质因子,R_s 为串联电阻,R_p 为并联电阻,V 为外加偏压,J_{sc} 为太阳电池的短路电流密度。对于一个具体的 CdTe 薄膜太阳电池,在光照条件下,$J_0 = 1 \times 10^{-9} \, \text{A/cm}^2$,$R_s = 1.8 \, \Omega \cdot \text{cm}^2$,$R_p = 2500 \, \Omega \cdot \text{cm}^2$ 和 $n = 1.9$。

CdTe 薄膜太阳电池的正向电流 $J + J_{sc}$ 与 V-JR 的关系可由图 8.16(a)示出。为便于比较,图中还示出了 GaAs 太阳电池的 $J + J_{sc}$ 与 V-JR 的关系曲线。由图可以看出,在正常工作条件下,CdTe 太阳电池的过剩正向电流比 GaAs 太阳电池约大两个数量级。这意味着,CdTe 太阳电池比 GaAs 太阳电池具有更小的复合电流,而复合电流的减小说明 CdTe 太阳电池的开路电压还存在很大的提升空间。

CdTe 薄膜太阳电池的短路电流密度 J_{sc} 与量子效率直接相关,而量子效率的高低又密切依赖于其入射光子的能量损失。图 8.16(b)示出了量子效率与入射光波长的关系。由图可以看出,在 CdTe 太阳电池中存在着各种能量损失,例如电池的表面反射损失,玻璃衬底的吸收损失,SnO_2 电极的损失与 CdS 窗口层的损失等。

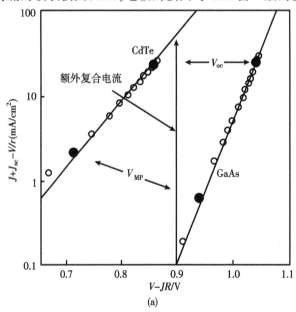

(a)

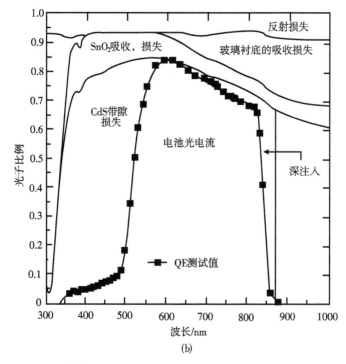

图 8.16　CdTe 薄膜太阳电池的 $J+J_{sc}$ 与 $V\text{-}JR$ 关系曲线(a)及量子效率(b)

　　为了提高 CdTe 薄膜太阳电池的转换效率,需要提高其开路电压和填充因子。为此,应采取以下几个技术对策:①降低 CdTe 层中补偿施主密度,从而改善 CdTe 的掺杂效率,提高电池的内建电场;②降低结区的复合中心密度,改善二极管的品质因子;③降低背面接触的势垒高度;④采用Ⅱ-Ⅵ族合金材料构建叠层太阳电池以拓宽电池对太阳光谱的能量吸收范围。例如,将 CdTe 与 Cu(In、Ga)Se₂ 构成叠层太阳电池,由于二者具有较好的带隙能量匹配,因此有望获得 25% 的理论转换效率。

参 考 文 献

[1] 彭英才,于威,等.纳米太阳电池技术.北京:化学工业出版社,2010

[2] 杨德仁.太阳电池材料.北京:化学工业出版社,2006

[3] 熊绍珍,朱美芳.太阳能电池基础与应用.北京:科学出版社,2009

[4] Luque A,Hegedus S,等.光伏技术与工程手册.王文静,李海玲,周春兰,等,译.北京:机械工业出版社,2011

[5] 小长井诚,山口真史,近藤道雄.太阳电池的基础与应用.东京:培风馆,2010

[6] Mcevoy A.实用光伏手册-原理与应用(上).北京:科学出版社,2013

[7] Jasenek A,Rau U. Defect generation in Cu(In,Ga)Se₂ heterojunction solar cell by high-energy electron and proton irradiation. J. Appl. Phys. ,2001,90:650

[8] 何杰,夏建白.半导体科学与技术.北京:科学出版社,2007

第9章 染料敏化太阳电池

染料敏化太阳电池和聚合物太阳电池同属于光电化学太阳电池。1991年,瑞士洛桑高等工业学院的 Grätzel 教授首次采用具有高比表面积的纳米多孔 TiO_2 光阳极,代替传统的平板电极制作了染料敏化太阳电池,并获得了高达 11% 的转换效率,从而引起了国际光伏界的广泛重视。一般而言,染料敏化太阳电池是由纳米结构氧化物半导体的光阳极、染料敏化剂、电解质和对电极等几个部分组成。人们对它的研究工作主要集中在以下几个方面,即各类光阳极材料的选择,高质量对电极的设计,新型染料敏化剂的开发,能进行有效氧化还原反应电解质的制取以及电子的产生、注入和复合过程的理论分析与原位检测等。

本章主要介绍染料敏化太阳电池的器件结构、工作原理和载流子输运,制作染料敏化太阳电池的材料类型及其性质,氧化还原体系的电化学性质,以及染料敏化太阳电池的光伏性能等相关内容。

9.1 染料敏化太阳电池的器件结构与工作原理

9.1.1 器件结构

一个典型的染料敏化太阳电池结构主要由以下三个部分组成,即单分子层染料敏化 TiO_2 纳米晶粒薄膜形成的光阳极,含有氧化还原对的有机电解质溶液和起着对电极作用的镀 Pt 电极。其中,TiO_2 纳米晶粒薄膜被制作在透明导电氧化物(TCO)的工作电极上,含有 I^-/I_3^- 氧化还原对的电解液被填充到纳米结构的电极中。在电池工作时,被注入到纳米 TiO_2 膜层中的电子和电解液中的染料阳离子和 I_3^- 等受主将被局域在一个具有纳米尺度的空间范围内,图 9.1(a)、(b)和(c)分别示出了采用 TiO_2 纳米多孔薄膜作为光阳极染料敏化太阳电池的结构、Ru 复合物染料和纳米多孔 TiO_2 光阳极的扫描电子显微镜(SEM)像[1]。

9.1.2 工作原理

染料敏化太阳电池的电荷输运与界面转移过程示于图 9.2 中[2]。在光照条件下,从吸附染料中激发的电子注入到宽带隙的 n-TiO_2 导带中,然后这些电子再从 TCO 将其传输到外电路的负载而做电功。由于纳米结构材料具有较大的表面积,因而可以获得相对较大的光电流,氧化的染料分子将会通过电解液中的氧化还原对的

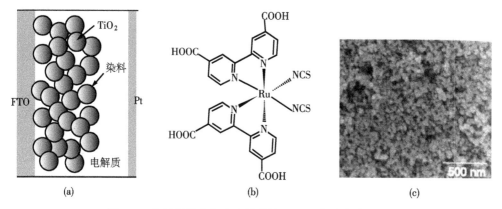

图 9.1　染料敏化太阳电池的结构(a),Ru 复合物染料(b)

和纳米多孔 TiO₂ 光阳极的 SEM 像(c)

电子发生转移而得以再生。为了提高太阳电池的转换效率,人们期望所有入射的光子都能无损耗地转换成电子。研究指出,太阳电池的光电转换效率主要取决于下述三个重要条件:①光收集效率。它可以通过增加染料分子的吸附系数、吸附染料的密度和纳米结构薄膜的层厚加以改善。②电荷注入效率。它由以下几个因素决定,如 TiO_2 的导带边与吸附染料的最低非占有分子轨道之间的能量差,TiO_2 层中的受主密度和 TiO_2 层表面与染料分子之间的空间距离等。③电荷收集效率。在电子扩散过程中,光生电子将同受主发生复合,为了确保电子能够通过 TCO 电极转移到外电路的负载中,电子应具有足够大的扩散长度。为此,TiO_2 层光阳极的厚度应小于电子扩散长度,这是在层厚设计与制作时必须考虑的。

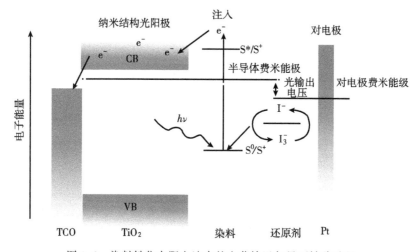

图 9.2　染料敏化太阳电池中的电荷输运与界面转移过程

9.2　染料敏化太阳电池的材料类型与光伏性质

9.2.1　光阳极

由纳米晶粒薄膜、纳米介孔薄膜、纳米复合膜层以及纳米线结构形成的光阳极是染料敏化太阳电池的骨架部分,它不仅是染料分子的支撑和吸附载体,同时也是光生载流子的传输载体。采用纳米结构材料作为光阳极,主要是因为它们具有大的总表面积。除此之外,纳米多孔膜层中纵横交叉的孔隙的连通性,也对电解质中氧化还原对的有效传输起着一个十分重要的作用。光阳极的研究重点主要是采用合理的工艺技术和适宜的结构形式,优化其孔隙率、孔隙直径、纳米晶粒尺寸、总表面积和厚度等参数,使之有利于各种类型电解质的填充和电荷载流子的输运,从而产生较大的光生电流和开路电压。作为染料敏化太阳电池的光阳极,一般多采用纳米 TiO_2 结构或 ZnO 纳米结构[3]。

1. TiO_2 纳米晶粒薄膜光阳极

TiO_2 纳米晶粒薄膜是由 TiO_2 晶粒和孔隙构成的纳米结构,其晶粒尺寸、表面形态、孔隙比例以及晶化程度等结构参数,直接影响着陷阱态密度、电子输运以及染料吸附等特性参数。一般而言,增大晶粒尺寸可以减小晶粒边界数量,从而有利于载流子扩散长度的增加,因此可以使染料敏化太阳电池获得较高转换效率。然而,从光吸收与光敏化角度来看,希望晶粒具有较小的尺寸,因为这样可以获得较大的比表面积,以利于光吸收和光敏化效果。理论分析与实验证实,$10\sim20nm$ 的晶粒尺寸是比较适宜的。

2. TiO_2 准一维纳米结构光阳极

在 TiO_2 纳米晶粒薄膜中存在着大量晶粒间界,其中的缺陷和悬挂键等界面不完整性将起到一种载流子俘获中心的作用,它们将使电子的扩散长度减小和复合概率增加,这将导致太阳电池转换效率的降低。如果以结晶纳米网络、纳米棒阵列或纳米管等准一维纳米结构代替 TiO_2 纳米晶粒薄膜,由于定向的有序生长可以减少其中的缺陷态密度,即减少了电子与空穴复合的机会,实现注入电子的快速转移,因此会使染料敏化太阳电池的转换效率得到明显提高。

3. TiO_2 纳米复合膜层光阳极

除了通过减少电荷复合机会和加快电子转移过程提高染料敏化太阳电池的转换效率之外,另一项有效措施是调整光阳极的禁带宽度以提高开路电压,或是进一步增加纳米结构光阳极的比表面积以增加光吸收的效率。而开路电压的提高又可以利用两种办法实现:一是采用具有更大禁带宽度的光阳极材料,借以增加其导带底的能量;二是采用纳米复合膜层,即采用两种金属氧化物半导体,按一定摩尔分数组成的复合纳米结构,因为开路电压正比于氧化还原电势能级与光阳极导带底二者的能量差。研究指出,采用 TiO_2 纳米材料与 Al_2O_3、Nb_2O_5、SnO_2 和 ZnO 等形成的纳米复合膜层,都可以使染料敏化太阳电池的光伏性能得以改善。

4. TiO_2 核-壳纳米结构光阳极

所谓 TiO_2 核-壳纳米结构是一种以 TiO_2 为核芯,以其他金属氧化物(ZrO_2、In_2O_3、Al_2O_3 或 MgO)为壳层而形成的核-壳结构光阳极。在这种结构中,由染料分子的光激发产生的电子可以通过壳层隧穿到半导体的核芯中,然后再转移到外电极中去。此时,在半导体壳层中产生了一个能量势垒,它可以在一定程度上抑制发生在敏化染料与电解质溶液之间的电荷复合。

5. TiO_2 量子点敏化光阳极

除了染料分子可以作为敏化剂之外,半导体量子点也可以作为光阳极的敏化剂。低维半导体物理的研究指出,量子点的光学带隙和光吸收系数等光学性质可以通过改变其尺寸而进行调控。换言之,通过调节量子点的直径以改变其带隙能量,可以最大限度地实现它对太阳光谱的能量吸收。此外,量子点自身所具有的较大偶极子动量将会导致电荷的快速分离,从而使太阳电池的暗电流得以减小。更进一步,在一定条件下量子点中可以通过碰撞电离作用产生多激子,这对改善染料敏化太阳电池的光伏性能也是非常有效的。

9.2.2　敏化剂

敏化剂作为染料敏化太阳电池的光吸收剂,其性能直接决定太阳电池的光吸收效率和能量转换效率。选择理想的光敏化剂,可以使太阳电池最大限度地吸收太阳光能,由此产生更多的激发电子。一般而言,染料分子的激发态能级位置应高于纳米 TiO_2 光阳极的导带底位置,这样可以使激发态染料的电子能够顺利地注入到光阳极中去。染料敏化太阳电池所采用的染料敏化剂主要有无机染料、有机染料和共敏化染料三种[4]。

1. 无机染料敏化剂

无机金属配合物染料具有良好的热稳定性和化学稳定性,在染料敏化太阳电池中应用最为广泛。而在这类染料敏化剂中,多吡啶钌染料以其所具有的高化学稳定性,良好的氧化还原性和优异的可见光谱响应特性,使其成为染料敏化太阳电池中光敏化剂的首选染料。这类染料的光敏化原理是,通过羧基或膦酸基吸附在纳米 TiO_2 薄膜表面,使得处于激发态的染料能够将其电子有效地注入到纳米 TiO_2 的导带中。多吡啶钌染料主要分为如下三种结构类型,即羟酸多吡啶钌、膦酸多吡啶钌与多核联吡啶钌。在这类无机染料中,以 N3、N719 和黑染料为代表的具有高吸收系数的染料敏化剂具有潜在的发展优势,图 9.3 示出了上述几种主要无机染料的分子结构。

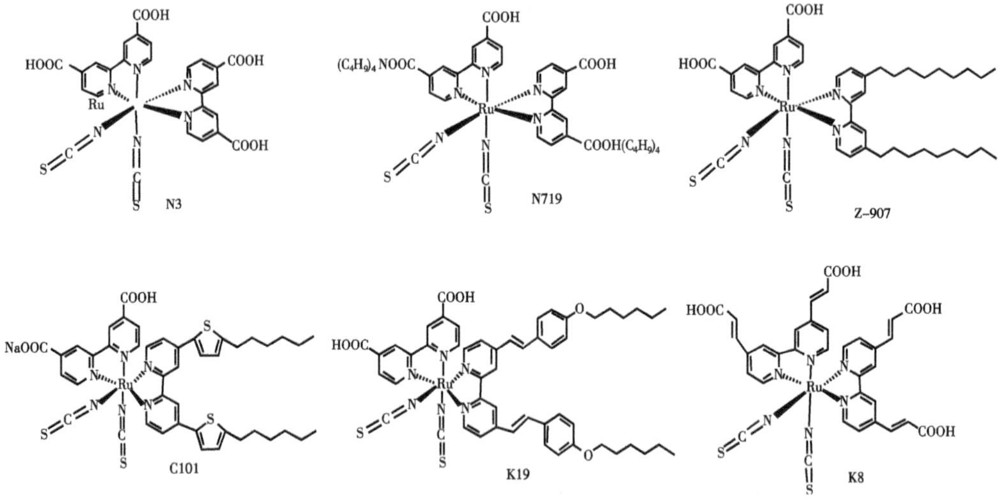

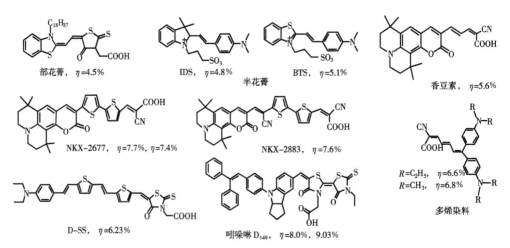

图 9.3　一些主要无机染料的分子结构

2. 有机染料敏化剂

有机染料具有种类多、成本低、吸收系数大和易于进行结构设计等特点，也在染料敏化太阳电池的制作中具有重要应用。有机染料敏化剂一般具有"给体（D）—共轭桥—(π)受体（A）"结构形式。借助于电子给体和受体的推拉电子作用，使得染料的可见吸收峰向长波长方向移动，这样可以使其有效地吸收红外线和近红外线，进一步提高太阳电池的转换效率。这类有机染料主要有部花菁、半花菁、香豆素、多烯染料以及吲哚啉等。图 9.4 示出了一些主要有机染料的分子结构，其中的 η 值是以此为敏化剂制作的染料敏化太阳电池的转换效率。

图 9.4　一些主要有机染料的分子结构

3. 协同染料敏化剂

实验发现,单一染料敏化剂受到染料分子吸收光谱能量的限制。为此,人们采用光谱响应范围具有互补性的染料配合使用,有效改善了染料敏化太阳电池的光伏性能。例如,采用方酸菁染料(Sq3)不同比例的 N3 染料协同敏化 TiO₂光阳极,可以使太阳电池的光电流量子效率有效增加,如图 9.5 所示。由图可以看出,当单独采用 N3 染料时,太阳电池的最高光电流量子效率仅为 45%,而采用 N3：Sq3＝20：1 共敏化染料时,波长为 500nm 时的光电流量子效率可高达 70% 以上。

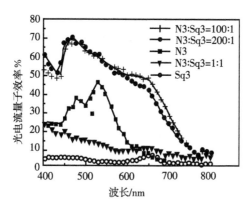

图 9.5　采用协同染料敏化太阳电池的光电流量子效率

9.2.3　电解质

电解质体系的主要功能是复原染料和传输电荷,通过改变 TiO₂光阳极、敏化染料以及氧化还原对的能级,可以改善在太阳电池中的载流子输运动力学行为,从而实现最大的光生电压。液体电解质中广泛使用的氧化还原对是 I⁻/I₃⁻,但这种氧化还原对的主要问题是与染料分子能级匹配特性不够好,使得太阳电池的光生电压损失较大。因此,如何研制出电导率高和离子传导率高,电极电位与染料能级相匹配,与 TiO₂纳米光阳极以及对电极界面结合性能良好的高分子固态电解质,则是尤为重要的[5]。

1. 有机溶剂电解质

有机溶剂电解质主要由三个部分组成:有机溶剂、氧化还原电对与添加剂。常见的有机溶剂有:腈类,如乙腈(ACN)和甲氧基丙腈(MePN)等;酯类,如碳酸乙烯酯(EC)和碳酸丙烯酯(PC)等。这些有机溶剂具有如下几个优点:①具有较宽的电化学窗口,不易导致染料的脱附和降解;②其凝固点低,适用的温度范围宽;③具有较高的介电常数和较低的黏度,可满足无机盐在其中的溶解和离解,而且具有较高的电导率;④对纳米多孔膜的浸润性和渗透性好,扩散速率快,光电转换效率高,组分易于设计和调节。

虽然有机溶剂具有上述优点,但也存在一些不足。例如,脂类有机溶剂具有一定的毒性,某些溶剂在光照下容易降解,采用有机溶剂制作的染料敏化太阳电池内部蒸气压较大,不利于高稳定性太阳电池的设计与制作等。

2. 离子液体电解质

与有机溶剂电解质相比,离子液体电解质有如下几个优点:①具有小的饱和蒸气压、不挥发、无色无臭;②具有较大的温度稳定范围和较宽的化学稳定性;③通过对阴离子和阳离子的设计,可以调节对无机物、水以及有机物的溶解性等。

在染料敏化太阳电池中,构成离子液体的有机阳离子通常有碘化 1-甲基-3-丙基咪唑(MPⅡ)和碘化 1-甲基-3-己基咪唑(HMⅡ)。构成离子液体的有机阴离子通常有 I^-、$N(CN)_2^-$、BF_4^-、PF_6^- 以及 NCS^- 等。

3. 准固态电解质

准固态电解质主要是在有机溶剂或离子液体电解质中加入胶凝剂形成的凝胶体系,其目的是增强体系的化学稳定性。按照液体电解质的不同,准固态电解质可以分为基于有机溶剂的准固态电解质和基于离子液体的准固态电解质;按照胶凝剂的不同,准固态电解质又可以分为有机小分子胶凝剂、聚合物胶凝剂和纳米粒子胶凝剂。

实验发现,当在有机溶剂电解质中加入有机小分子或聚合物凝胶时,可以形成凝胶网络结构而使液态电解质固化,以此得到准固态电解质。对于离子液体电解质而言,除了采用有机小分子和聚合物进行胶凝之外,还可以采用无机纳米粒子化为胶凝剂得到准固态电解质。由于液体电解质利用胶凝剂进行固化后,可以有效防止电解质的泄漏和挥发,从而进一步增强了染料敏化太阳电池的稳定性与可靠性。

4. 固态电解质

采用固态电解质能够克服染料敏化太阳电池所存在的液体泄漏和不易密封等缺点。用于染料敏化太阳电池的固态电解质有离子导电高分子电解质、空穴导电高分子电解质、无机 p 型半导体电解质和有机小分子固态电解质等。与液态染料敏化太阳电池相比,固态染料敏化太阳电池的光电转换效率还相对较低,电池稳定性也有待进一步提高。

9.3　氧化还原体系的电化学性质

光阳极、电解质和敏化剂是染料敏化太阳电池的三个最重要的组成部分,其中由半导体光阳极与电解质组成的氧化还原体系的电化学性质,对太阳电池的光伏特性起着至关重要的作用。一个氧化还原对的电化学势,即费米能级可由下式给出[6]

$$E_{\mathrm{F,redox}} = E_{\mathrm{F,redox}}^0 + kT\ln\left(\frac{N_{\mathrm{ox}}}{N_{\mathrm{red}}}\right) \tag{9.1}$$

式中,N_{ox} 和 N_{red} 分别为氧化还原对的被氧化和还原物质的浓度。除了费米能级之外,还需要给出电子占有和无电子占有的态密度,图 9.6(a)和(b)分别示出了一个氧化还原对的以真空能级为参考能量的能带图和态密度分布示意图。在图 9.6(a)中,E_{red}^0 相应于占有电子态的能量位置,E_{ox}^0 则相应于空态的能量位置,二者之间的 $E_{\mathrm{F,redox}}^0$ 称为重组能量。

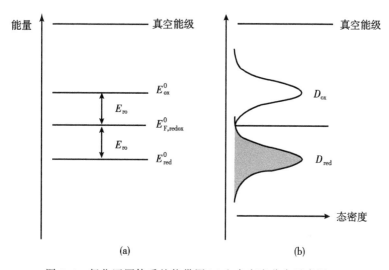

图 9.6　氧化还原体系的能带图(a)和态密度分布示意图(b)

在图 9.6(b)中,D_{ox} 是氧化还原对空态的态密度,D_{red} 为氧化还原对占有态的态密度,二者可分别表示如下

$$D_{\mathrm{red}} = D_{\mathrm{red}}^0 \exp\left[-\frac{(E - E_{\mathrm{F,redox}}^0 - E_{\mathrm{ro}})^2}{4kTE_{\mathrm{ro}}}\right] \tag{9.2}$$

$$D_{\mathrm{ox}} = D_{\mathrm{ox}}^0 \exp\left[-\frac{(E - E_{\mathrm{F,redox}}^0 + E_{\mathrm{ro}})^2}{4kTE_{\mathrm{ro}}}\right] \tag{9.3}$$

式中,D_{ox}^0 和 D_{red}^0 为归一化因子,E_{ro} 为 E_{ox}^0 与 $E_{\mathrm{F,redox}}^0$ 和 $E_{\mathrm{F,redox}}^0$ 与 E_{red}^0 之间的能量差。态密度的半宽为

$$\Delta E^{1/2} = 0.53 E_{\mathrm{ro}}^{1/2} \tag{9.4}$$

对于图 9.7 所示的半导体光阳极与电解质组成的氧化还原体系,在平衡条件下二者应具有统一的费米能级,即

$$E_{\mathrm{F}} = E_{\mathrm{F,redox}} = qV_{\mathrm{redox}} \tag{9.5}$$

式中,q 为电子电荷,V_{redox} 为电解质的电化学势。对一个由 n 型半导体与电解质组成

的体系,起初半导体一侧的费米能级高于氧化还原对的费米能级。当有电子从电解质与半导体之间转移时,将导致二者的电化学势平衡,由此产生一个类似于半导体 pn 结空间电荷层或肖特基势垒接触的空间电荷层,其厚度可由 W 表示,并有

$$W = \sqrt{\frac{2\varepsilon\varepsilon_0(V - V_{FB})}{2N_D}} \tag{9.6}$$

式中,ε 为相对介电常数,ε_0 为真空介电常数,N_D 为半导体的施主掺杂浓度,V 和 V_{FB} 分别为半导体内部和表面的静电势。

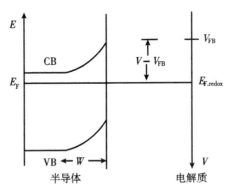

图 9.7　半导体与电解质体系的能带图

对于一个具有球形半导体纳米微粒与电解质组成的体系,在半导体一侧形成的静电势差为

$$V - V_{FB} = \frac{kT}{6q}\left(\frac{r_0}{L_D}\right)^2 \tag{9.7}$$

式中,r_0 为球形纳米微粒的半径,L_D 为德拜长度,且有

$$L_D = (\varepsilon\varepsilon_0 kT/2q^2 N_D)^{1/2} \tag{9.8}$$

该德拜长度依赖于单位体积所电离的杂质数量。通常,在半导体纳米微粒中产生的电场强度较小,因此需要有较高的掺杂浓度以在纳米粒子的表面和体内之间产生有效的化学势差。例如,对于一个 $r_0 = 6nm$ 的纳米粒子,若需要产生 $50mV$ 的化学势差,需要的电离掺杂浓度应高达 $5 \times 10^{19} cm^{-3}$。

9.4　染料敏化太阳电池中的载流子输运

9.4.1　载流子输运过程

图 9.8 示出了染料敏化太阳电池的动力学特性,这是一个涉及载流子的激发、输运和复合的动力学平衡过程,它主要由太阳电池中电子的损失反应(a)、(b)、(c)和人们所希望的反应(1)、(2)、(3)之间的竞争过程组成[7],具体分析如下。

（1）激发染料分子可以直接弛豫到它的基态,这一过程就形成损失反应(a)。它与电子注入反应(2)相反,损失可以忽略不计,主要原因是相应的反应速率常数比较大。在这一过程中,染料分子与 TiO₂ 纳米晶粒表面的直接键合是满足快速电子注入的关键因素。

（2）导带中的电子可能被氧化的染料分子捕获,这一过程就形成损失反应(b),但这一损失也是很小的。在这一过程中,I^- 和 I_3^- 在纳米晶多孔膜中的高效传输是保证有充足的 I^- 参与竞争的关键,所以优化纳米晶多孔膜的微观结构是非常重要的。在一些准固体电解质体系中,I^- 和 I_3^- 的扩散系数小于液体,因此复合损失较大。

（3）导带中的电子可能被电解质中的氧化成分(如 I_3^-)捕获,这一过程就形成损失反应(c),它是太阳电池中电子损失的主要途径。为了减少电子复合损失,要在纳米晶和电解液之间加入绝缘覆盖层。染料分子层本身即是绝缘隔离层,实现染料分子的单层完全覆盖纳米晶多孔膜表面,是减小导带中的电子被电解质中的氧化成分(如 I_3^-)捕获几率的有效途径。用 Al_2O_3 等绝缘材料修饰 TiO₂ 纳米晶也是减小复合的重要方法。另外,染料分子的光谱响应范围和高的量子产率是影响太阳电池中光子俘获量的关键因素。

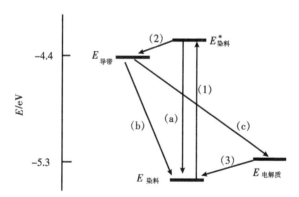

图 9.8　染料敏化太阳电池中载流子输运的动力学过程

9.4.2　载流子输运动力学

为了进一步澄清太阳电池中的载流子的输运过程,可以采用肖特基势垒模型、电子扩散微分模型和热电离发射原理,理论分析 TiO₂/TCO 界面对于染料敏化太阳电池 I-V 特性的影响,图 9.9 示意给出了该染料敏化太阳电池的能带形式。其中,图 9.9(a)是在暗电导条件下 TiO₂、TCO 以及对电极的电势,该电势与电解质的氧化还原电势是相等的,图 9.9(b)则给出了光照条件下 TiO₂ 和 TCO 的准费米能级。由该图可以看出,V_1 为 TiO₂/TCO 界面的电压损耗,V_2 是对电极/电解质界面的电压损耗,V_0 是 TiO₂ 费米能级 E_F 和电解质的氧化还原电势 E_{redox} 的差。易于看出,参考电

压 V 可以由下式给出

$$V = V_0 - V_1 \qquad (9.9)$$

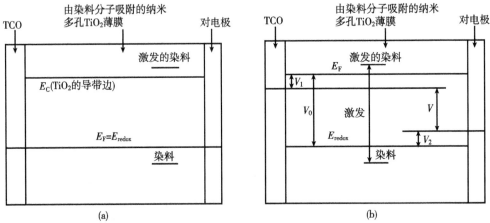

图 9.9　在暗电导(a)和有光照(b)条件下染料敏化太阳电池的能带

　　由于 TiO_2/电解质接触与 TiO_2/TCO 接触是串联的,所以流过多孔 TiO_2 薄膜外部的电流密度等于流过 TiO_2/TCO 接触的电流密度,因此 V 和 J 之间的关系可以通过求解 V_0 和 V_1 而得到,电势差 V_0 可以通过求解一个简单的动力学模型得到。在稳态条件下,染料敏化太阳电池中的电子产生、输运和复合过程可以利用电子扩散微分方程描述[8]

$$D\frac{\partial^2 n(x)}{\partial x^2} - \frac{n(x) - n_0}{\tau} + \phi\alpha e^{-\alpha x} = 0 \qquad (9.10)$$

式中,x 是从 TiO_2/TCO 界面测量得到的电极薄膜内部的坐标,$n(x)$ 是在 x 处的过剩电子浓度,n_0 是在暗电导时的电子浓度($n_0 = 10^{16}\ cm^{-3}$),τ 是导带的自由电子寿命,ϕ 是入射光照通量,α 是纳米多孔电极的光吸收系数,D 是电子扩散系数。

　　在短路条件下,电子很容易作为光电流被抽取,而不会有电子直接输运到对电极中,因此有如下边界条件

$$n(0) = n_0 \qquad (9.11)$$

和

$$\left(\frac{dn}{dx}\right)_{x=d} = 0 \qquad (9.12)$$

因此,短路电流密度可以写成

$$J_{sc} = \frac{q\phi L\alpha\left[-L\alpha\cosh(d/L) + \sinh(d/L) + L\alpha\exp(-d\alpha)\right]}{(1 - L^2\alpha^2)\cosh(d/L)} \qquad (9.13)$$

式中,q 是电子电荷,L 是电子扩散长度,d 是薄膜厚度。

　　在光照条件下,$x = 0$ 处的电子密度将从 n_0 增加到 n,即有

$$n(0) = n \tag{9.14}$$

这样,通过求解微分方程(9.10)可以得到 V_0 和 J 之间的关系

$$V_0 = \frac{mkT}{q}\ln\left[\frac{(J_{sc} - J)L\cosh(D/L)}{qDn_0\sinh(d/L)} + 1\right] \tag{9.15}$$

式中,k 是玻尔兹曼常量,m 是理想因子和 T 是绝对温度。

由于 TCO 是高掺杂的,因而具有高的电导率,可以被看成是金属,TiO_2/TCO 接触可以由肖特基势垒进行模拟。在有光照的条件下,电子通过 TiO_2/TCO 界面的流动将引起电压损耗 V_1。当过剩电子从 TiO_2 价带内部的激发染料被注入时,在 TiO_2 和 TCO 中将不会发生电子复合,这样仅有电子从 TiO_2 转移到 TCO 中去。按照金属-半导体接触理论,热电离发射和电子隧穿将是在界面发生电子转移的两种输运机理。由于在染料敏化太阳电池中的 TiO_2 是轻掺杂的,而且电池在 300K 下进行工作,因此电子隧穿过程可以被忽略。此时,电子的转移将由热电离发射过程所支配。

在 TCO/电解质界面的电流密度 J 可由下式给出

$$J = A^* T^2 \exp\left(\frac{-q\phi_b}{kT}\right)\left[\exp\left(\frac{qV_1}{kT}\right) - 1\right] \tag{9.16}$$

和

$$A^* = \frac{4\pi m_e^* qk^2}{h^3} \tag{9.17}$$

式中,ϕ_b 是肖特基势垒高度,h 是普朗克常量,m_e^* 是电子的有效质量,A^* 是 TiO_2 的理查森常数。由式(9.16)可得出 V_1 的表达式

$$V_1 = \frac{kT}{q}\ln\left[1 + \frac{1}{A^* T^2 \exp(-q\phi_b/kT)}\right] \tag{9.18}$$

将式(9.15)和式(9.18)代入式(9.9)中,则有

$$V = \frac{mkT}{q}\ln\left[\frac{(J_{sc} - J)L\cosh(d/L)}{qDn_0\sinh(d/L)} + 1\right] - \frac{kT}{q}\ln\left[1 + \frac{J}{A^* T^2 \exp(-q\phi_b/kT)}\right] \tag{9.19}$$

从式(9.19)可以看出,TiO_2/TCO 界面对太阳电池光伏性能的影响主要体现在肖特基势垒高度 ϕ_b、温度 T 和 TCO/电解质界面的复合电流。更进一步讲,TiO_2/TCO 界面的势垒高度 ϕ_b 将影响 V_1,V_1 随 ϕ_b 而增加,而 V_1 又将直接影响开路电压 V_{oc}。此外,ϕ_b 的值还影响 J 的大小,即 ϕ_b 的减少将会导致 J 的增加。图 9.10 示出了 $TiO_2/$TCO 肖特基势垒高度 ϕ_b 对染料敏化太阳电池的最大输出功率 P_{max} 的影响。可以看出,当 $\phi_b < 0.6eV$ 时,其 P_{max} 的值保持为一常数;而当 $\phi_b > 0.6eV$ 时,P_{max} 的值随 ϕ_b 呈线性减小行为。

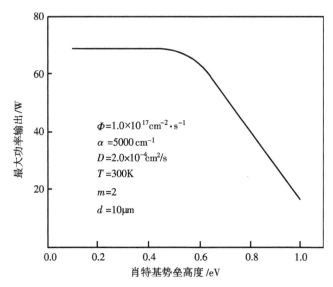

图 9.10　染料敏化太阳电池的最大输出功率与势垒高度的关系

9.5　染料敏化太阳电池的光伏性能

9.5.1　量子效率

太阳电池的量子效率可由外量子效率和内量子效率表示。其中外量子效率可用 $EQE(\lambda)$ 表示,可由下式给出

$$EQE(\lambda) = \frac{J_{sc}(\lambda)}{q\phi(\lambda)} = \frac{hc}{q} \cdot \frac{J_{sc}(\lambda)}{\lambda P_{in}(\lambda)} \qquad (9.20)$$

式中,J_{sc} 为短路电流密度,ϕ 为光子通量,P_{in} 为确定波长下的入射光强度,q 为电子电荷和 h 为普朗克常量。

图 9.11 示出了以 D35 作为敏化剂的固体和液体染料敏化太阳电池 $EQE(\lambda)$ 随光波长的变化。可以看出,这两个光吸收谱略有不同。当入射光波长短于 400nm 时,固体染料敏化太阳电池的 $EQE(\lambda)$ 小于液体染料敏化太阳电池的 $EQE(\lambda)$。而当入射光波长大于 500nm 时,固体染料敏化太阳电池的 $EQE(\lambda)$ 则高于液体染料敏化太阳电池的 $EQE(\lambda)$。

太阳电池的短路电流密度可通过对 $EQE(\lambda)$ 进行积分而计算,因此有[9]

$$J_{sc} = \int EQE(\lambda) q\phi_{ph}(\lambda) d\lambda \qquad (9.21)$$

式中,ϕ_{ph} 为在 AM1.5 光照射强度下的入射光通量。在图 9.11 所示的 $EQE(\lambda)$ 曲线中,对于固体染料敏化太阳电池而言,$J_{sc} = 7.75mA/cm^2$。对于液体染料敏化太阳电池来说,$J_{sc} = 7.4mA/cm^2$。

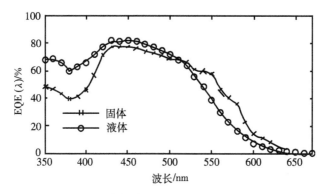

图 9.11 染料敏化太阳电池的外量子效率

另一个表征太阳电池光伏性能的参数就是内量子效率,它可由下式给出

$$\mathrm{IQE}(\lambda) = \varphi_{\mathrm{ing}}(\lambda)\varphi_{\mathrm{reg}}\eta_{\mathrm{c}}(\lambda) \tag{9.22}$$

式中,$\varphi_{\mathrm{ing}}(\lambda)$ 和 φ_{reg} 分别为电子注入和染料重组的量子产额,η_{c} 为载流子收集效率。

9.5.2 开路电压与短路电流

图 9.12(a)和(b)分别示出了染料敏化太阳电池的开路电压和短路电流与入射光功率的关系。由图 9.12(a)可以清楚地看到,短路电流密度 J_{sc} 随入射光强度呈线性增加。如果太阳电池有源区与金属电极之间为欧姆接触,则开路电压将由半导体的费米能级与氧化还原电解质的费米能级之差所决定,即[10]

$$qV_{\mathrm{oc}} = E_{\mathrm{F}} - E_{\mathrm{F,redox}} \tag{9.23}$$

对于液体电解质太阳电池,电解质浓度不因光照与否而发生显著改变,因此 $E_{\mathrm{F,redox}}$ 可以作为一个常数处理。这样,在光照条件下开路电压的变化将仅仅依赖于半导体导带的电子浓度。如果电子浓度随光照浓度线性增加,那么开路电压也将随光照强度呈线性增加,正如图 9.12(b)所示。

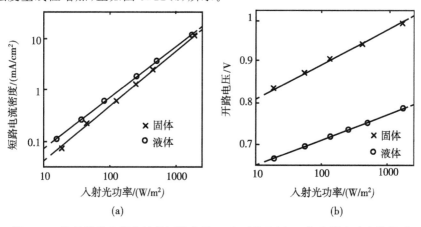

图 9.12 染料敏化太阳电池的短路电流(a)和开路电压(b)与入射光功率的关系

9.5.3　载流子收集效率

染料敏化太阳电池的载流子收集效率与其寿命密切相关。图 9.13(a)是在短路条件下,由理论模拟得出的固体和液体染料敏化太阳电池归一化的瞬态光电流随时间的变化。该瞬态光电流可由下式表示

$$J(t) = J_{sc} + \Delta J \cdot e^{-t/\tau_{resp}} \tag{9.24}$$

式中,τ_{resp} 为延迟的特征时间常数。在不同光照射强度下测得的 τ_{resp} 如图 9.13(b)所示。由图可以看出,在相同的短路电流条件下,固体染料敏化太阳电池的光电流响应时间常数远快于液体染料敏化太阳电池。

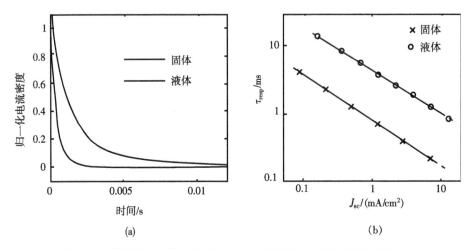

图 9.13　染料敏化太阳电池的归一化电流密度(a)和特征时间常数(b)

对于一个以 TiO_2 为光阳极的液体染料敏化太阳电池,τ_{resp} 与 TiO_2 中电子的输运时间 τ_{tr} 和电子寿命 τ_e 有关

$$\frac{1}{\tau_{resp}} = \frac{1}{\tau_{tr}} + \frac{1}{\tau_e} \tag{9.25}$$

对于一个结构优化的液体染料敏化太阳电池,在短路条件下的 τ_e 远大于 τ_{tr}。

载流子扩散系数 D_e 可利用电子输运时间进行表示,因此有

$$D_e = \frac{d^2}{C\tau_{tr}} \tag{9.26}$$

式中,d 为介孔 TiO_2 薄膜的厚度,C 为一常数,它依赖于该薄膜的光吸收系数。由此可以计算出电子的扩散长度

$$L = \sqrt{D_e \tau_e} \tag{9.27}$$

电子寿命 τ_e 可由下式计算,即

$$\tau_e = -\frac{kT}{q}\left(\frac{dV_{oc}}{dt}\right)^{-1} \tag{9.28}$$

因此,太阳电池的载流子收集效率可由下式表示[10]

$$\eta_c = 1 - \frac{\tau_{resp}}{\tau_e} = \frac{1}{1 + \tau_{tr}/\tau_e} \qquad (9.29)$$

由式(9.29)可知,增加电子寿命和扩散长度,有利于光收集效率的提高,这是任何一种太阳电池所固有的光伏属性。

9.6　蓄电型染料敏化太阳电池

9.6.1　器件结构与工作原理

能够进行蓄电的染料敏化太阳电池在实际应用中更具有发展潜力。图 9.14(a)和(b)分别示出了一个蓄电型染料敏化太阳电池的结构形式和工作原理[11]。这是一个以导电性高分子作为蓄电材料,由染料敏化太阳电池与二次电池组成的融合型三电极器件结构。这种电池在外电路没有任何负载时,可以将光能转换成电能并被蓄存起来,当太阳电池进行能量输出时也可以对二次电池进行充电。光阳极是直径为 $10 \sim 30nm$ 的 TiO_2 纳米粒子,其 TiO_2 膜层厚度为 $10 \sim 20\mu m$,TiO_2 光阳极上吸附有 N719 染料敏化剂,氧化还原对为 I^-/I_3^-,而对电极为 Pt。

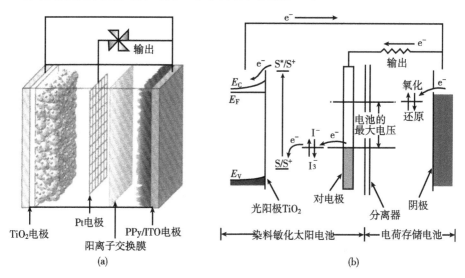

图 9.14　蓄电型染料敏化太阳电池的结构形式(a)和工作原理(b)

对于蓄电池部分而言,应具有一种能将由 TiO_2 纳米光阳极转移过来的电子被有效蓄存起来的材料。具体来说是,电荷蓄存部分的氧化还原电位应比 TiO_2 的导带底 E_C 要低,正如图 9.14(b)所示。一般而言,TiO_2 导带的电势为 $-0.7 \sim 0.5V$,而氧化还原对的电位一般为 $+0.2 \sim 0.3V$,作为这类能够蓄存电荷的材料通常采用属于导电性高分子的多吡咯(PPy)和氧化钨(WO_3)。

9.6.2　WO₃ 与 PPy 蓄电性质的比较

　　表 9.1 给出了 PPy 与 WO₃ 的几种主要物理性质的比较。由表可以看出，WO₃ 的重量容量密度高于 PPy，而体积容量密度更高，前者是后者的 6 倍。就充放电周期的稳定性而言，WO₃ 比 PPy 高出一个数量级。此外，WO₃ 比 PPy 具有更负的氧化还原电位，故具有更高的保存电压。此外，WO₃ 与 I_3^- 的反应性较弱，具有自放电抑制效应，这些都是人们所期待的。图 9.15 示出了以上两种蓄电池材料在光充电后的蓄存电压随时间的变化。显而易见，WO₃ 蓄电材料不仅比 PPy 具有更高的蓄存电压，而且具有更长的保持时间，其值可长达 5×10^5 s。

表 9.1　PPy 和 WO₃ 的性质比较

电化学性质	PPy	WO₃
重量容量密度	89.2mA · h/g	112mA · h/g
体积容量密度	134mA · h/cm³（密度：1.5）	802mA · h/cm³（密度：7.16）
充放电周期	ca. 300	ca. 3000
氧化还原电位	$-0.4 \sim -0.3$ V	$-1.2 \sim -0.2$ V
与 I_3^- 的反应性	强	弱

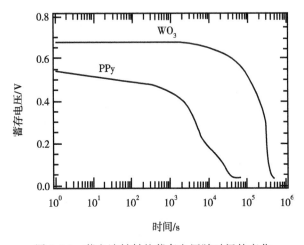

图 9.15　蓄电池材料的蓄存电压随时间的变化

参 考 文 献

[1] 彭英才，于威，等. 纳米太阳电池技术. 北京：化学工业出版社，2010

[2] Fonash S J. 太阳能电池物理. 2 版. 高扬，译. 北京：科学出版社，2011

［3］彭英才，Miyazaki S，徐骏. TiO₂ 纳米结构在染料敏化太阳电池中的应用. 真空科学与技术学报，2009，29：411

［4］熊绍珍，朱美芳. 太阳能电池基础与应用. 北京：科学出版社，2009

［5］Luque A，Hegedus S,等. 光伏技术与工程手册. 王文静，李海玲，周春兰，等，译. 北京：机械工业出版社，2011

［6］McEvoy A. 实用光伏手册-原理与应用(上)(英文影印本). 北京：科学出版社，2013

［7］孟庆波，林原，戴松元. 染料敏化纳米晶薄膜太阳电池. 物理，2004，33：177

［8］Ni M，Leung M K H，Leung D Y C，et al. Theoretical modelling of TiO₂/TCO interfacial effect on dye-sensitized solar cell performance. Sol. Energy Mater. Sol. Cell.，2006，90：2000

［9］Halme J，Boschlo G，Hagfeldt A，et al. Spectral characteristics of light harvesting electron in junction and steady-state charge collection in pressed TiO₂ dye solar cells. J. Phys. Chem C.，2008，112：5623

［10］Van de Lagemaat J，Park N G，Erank A J，et al. Influence of electrical potential distribution，charge transport and recombination on the photopotential and photocurrent conversion efficiency of dye-senstized nanocrystalline TiO₂ solar cells：A study by electrical impedence and optical modulation techniques. J. Phys. Chem B.，2000，104：2044

［11］小长井诚，山口真史，近藤道雄. 太阳电池的基础与应用. 东京：培风馆，2010

第 10 章　聚合物太阳电池

　　聚合物太阳电池是继染料敏化太阳电池之后发展起来的另一种光电化学太阳电池。与染料敏化太阳电池相比,聚合物太阳电池有以下几个主要优点:①制作工艺简单,成本低廉,适宜大面积制作;②毒性较小,不易造成污染;③电池结构类型可以多样化,尤其适宜柔性光伏器件制作。因此,聚合物太阳电池越来越受到人们的广泛重视,未来具有很大的发展空间。

　　但是,目前各类聚合物太阳电池的转换效率还比较低,一般仅在 5%～7%。本章将简要介绍聚合物太阳电池的器件结构与工作原理,主要包括单层聚合物太阳电池、双层聚合物太阳电池、共混聚合物太阳电池以及叠层聚合物太阳电池,并对各类给体与受体光伏材料进行简要介绍。

10.1　聚合物太阳电池中的光伏过程

　　虽然聚合物太阳电池与染料敏化太阳电池同属于光电化学太阳电池,但二者的工作原理却不尽相同。对于聚合物太阳电池而言,当入射太阳光照射到太阳电池表面时,在光吸收层中不直接产生自由电子和空穴,而是首先产生所谓的激子。由于激子是电子与空穴束缚在一起的激发态,只有经过扩散和解离两个过程后,才能形成自由的电子与空穴,进而对光生电流与光生电压产生贡献,图 10.1 示出了有机聚合物

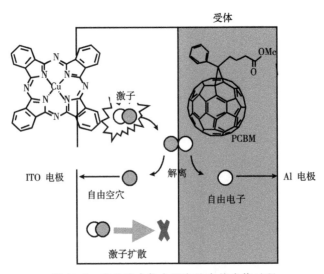

图 10.1　有机聚合物太阳电池中的光伏过程

太阳电池中的激子产生、激子扩散与激子解离这三个光伏过程[1]。

一般而言,激子的产生与太阳电池的光谱吸收范围、光子吸收通量和光照射强度直接相关,激子的扩散能力有赖于聚合物材料的性质,而激子的解离速率则受内建电场大小的影响。由此,聚合物太阳电池的转换效率可由下式估算,即

$$\eta = \eta_G \times \eta_D \times \eta_T \times \eta_C \tag{10.1}$$

式中,η_G 为激子的产生效率,η_D 为激子的扩散效率,η_T 为载流子的迁移效率,η_C 为载流子的收集效率。

10.2　单层聚合物太阳电池

最简单的聚合物太阳电池是在两个电极之间制备一层有机材料的单层聚合物光伏器件。电极一般都选择 ITO 和具有低功函数的 Al、Ca 和 Mg 等金属,其衬底为玻璃,图 10.2(a)示出了一个单层聚合物太阳电池的器件结构,其工作原理如图 10.2(b)所示。在光照射条件下,聚合物材料中的电子从最高分子占有轨道(HOMO)激发到最低未占有分子轨道(LUMO),并产生一对电子和空穴。电子和空穴分别被正电极和负电极所收集,从而形成光生电流[2]。

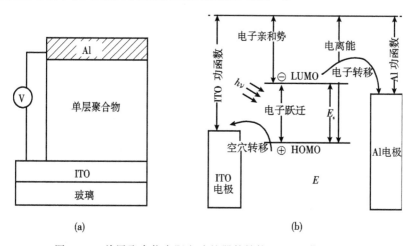

图 10.2　单层聚合物太阳电池的器件结构(a)和工作原理(b)

值得注意的是,单层聚合物太阳电池中的光吸收过程是在聚合物光吸收层中产生的。共轭聚合物在吸收光子能量后,并不是像半导体 pn 结那样直接产生可以自由移动的电子和空穴,而是首先形成激子,只有当这些激子被解离并形成可自由移动的电子和空穴,并被相应的电极收集后才能产生光伏效应。否则,激子可能通过发光、弛豫乃至复合等途径又重新回到基态,因而不能产生预期的光伏效应。图 10.3(a)和(b)分别示出了半导体 pn 结中的光生电子与空穴和聚合物分子中光生激子的产生过程。

(a)　　　　　　　　　　　　　　　　　(b)

图 10.3　半导体 pn 结中的电子与空穴(a)和聚合物分子中激子(b)的产生过程

对于单层聚合物太阳电池来说,其内建电场起因于两个电极之间的功函数差。因为当有机半导体层与两个不同功函数的电极接触时,会形成肖特基接触势垒。该势垒所产生的电场使光生激子分离,从而产生自由移动的电子和空穴,也就是说肖特基势垒的形成是光生载流子定向输运的物理基础。因此,这种单层聚合物太阳电池也被称为肖特基型聚合物太阳电池。

研究指出,在这种聚合物太阳电池中,激子的扩散长度一般只有 1～10nm,它严重限制了光生载流子的分离、输运和收集,从而使其转换效率较低。实验发现,对有机材料进行 I_2 掺杂以提高有机材料的电导率,或利用表面等离子增强方法以增加表面光吸收,可以有效改善其光伏性能。

10.3　p-i-n 型聚合物太阳电池

对于单层聚合物太阳电池而言,由于光生激子的扩散长度很短,光生激子很容易被复合。如果采用分层的给体-受体异质结构,不但能提高激子的分离概率,而且也可以增加器件对太阳光谱的波长吸收范围,图 10.4 示出了一个双层聚合物太阳电池的器件结构。由给体与受体共同组成的高聚合物体系,本质上类似于半导体 pn 结。当入射光与给体分子相互作用时,电子就能够从低的分子轨道上转移到高的分子轨道上,并产生激子。激子发生分离后向电极转移,由此产生光伏效应。

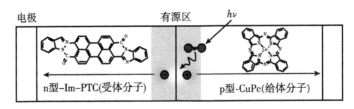

图 10.4　双层聚合物太阳电池的工作原理图

与单层聚合物太阳电池相比,虽然双层聚合物太阳电池提高了激子的分离效率,但仍然由于激子的扩散距离太短,只有距离 pn 结区 10nm 范围以内的激子能够解离而形成自由的电子与空穴,而距离 pn 结区较远的激子则不能到达结区附近形成自由的电子与空穴。换句话说,仅有 pn 结区才能产生光电流,而其他区域尽管也能吸收光,但不能贡献光电流。为此,人们仿照 Si 基薄膜太阳电池结构,又提出了 p-i-n 结聚合物太阳电池。该结构太阳电池是采用 p 型和 n 型材料共沉积的方法,形成一个具有几百个纳米,甚至微米量级厚度的本征 i 层。这样,由于整个 i 区都可以吸收光,因此大大扩展了聚合物太阳电池的有源区光吸收能力,这将会使太阳电池的转换效率得到进一步提高。

图 10.5(a)和(b)分别示出了 p-i-n 聚合物太阳电池的概念图和一个以 C_{60}/H_2Pc 共沉积 i 层为光吸收有源区的 p-i-n 结构太阳电池的器件结构。图 10.5(c)和(d)则

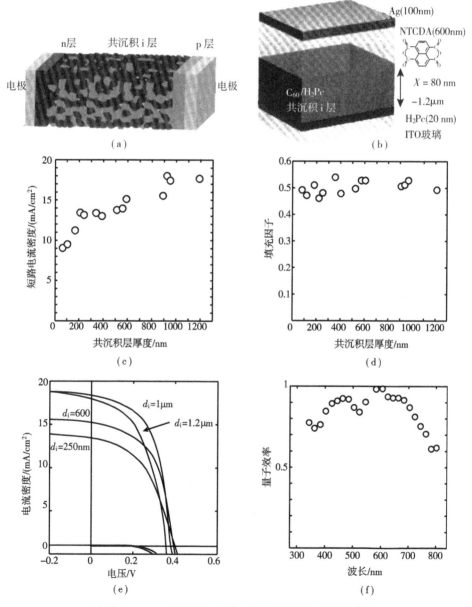

图 10.5　p-i-n 型聚合物太阳电池的器件结构和光伏特性

示出了短路电流密度和填充因子随 C_{60}/H_2Pc 本征层厚度的变化。可以看出,随着 i 层厚度的增加,短路电流密度呈线性增加趋势,而填充因子基本保持不变。图 10.5 (e)和(f)示出该 p-i-n 结构太阳电池的 J-V 特性和量子效率。由图可知,随着 i 层厚度的增加,电流密度随之而增大。在 $300\sim900$nm 波长范围,其量子效率可高达 90%[3,4]。

10.4　共混聚合物太阳电池

如果将给体材料(D)聚合物与受体材料(A)富勒烯共混,可以制成具有混合结构的体异质结聚合物太阳电池。与单层聚合物太阳电池相比,共混结构太阳电池的主要光伏特性是增加了 D/A 相的界面面积,减少了光生激子的扩散距离,因此可以加速光生激子的分离过程。与此同时,D/A 互穿网络也极大地提高了器件中载流子的输运能力,从而使光生载流子在到达相应的电极前被重新复合的概率大大降低,由此显著改善了器件的光伏性能[5]。

10.4.1　器件结构与工作原理

有机共混聚合物太阳电池的基本结构形式如图 10.6(a)所示。目前,这类器件通常由共轭聚合物和 PCBM(C_{60} 的可溶性衍生物)的共混膜夹在 ITO 透光电极和 Al 等金属电极之间所组成,共混聚合物太阳电池的工作原理如图 10.6(b)所示。当光透过 ITO 电极照射到光吸收有源区时,其中的共轭聚合物给体吸收光能并产生激子;其后,激子迁移到聚合物/给体/受体界面处,激子中的电子转移到电子受体 PCBM 的 LUMO 能级,空穴保留在聚合物给体的 HOMO 能级上,从而实现光生激子的电荷分离;接着,在内建电场的作用下,被分离的空穴沿着共轭聚合物给体形成的通道输运到正极,而电子则沿着受体形成的通道输运到负极。在空穴和电子分别被相应的正极和复极收集后形成光电流和光电压,这就是所谓的光伏效应。

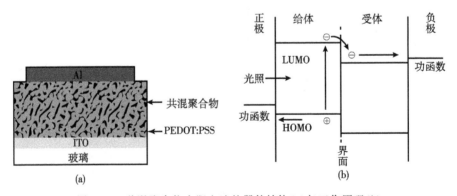

图 10.6　共混聚合物太阳电池的器件结构(a)与工作原理(b)

10.4.2　光伏性能与改善措施

1. 开路电压 V_{oc}

聚合物太阳电池的开路电压与其受体的 LUMO 能级和给体的 HOMO 能级之差直接相关。从理论上讲,器件的最大开路电压等于二者之差除以电子电荷。但是,实际上开路电压要小于这一数值,这主要是受电极材料的功函数、有源区形貌和互穿网络结构的影响。采用功函数差较大的正、负电极,有利于开路电压的提高。

2. 短路电流 I_{sc}

共混聚合物太阳电池短路电流的大小与下述几个因素相关:①光谱响应和吸收特性。采用在可见光区域有较宽和较强光谱吸收的有机材料,可以提高太阳光的利用率。②激子寿命。如果光生激子具有较长的寿命,可使激子都扩散到异质结的界面上。③电荷分离效率。如果到达界面的光生激子全部能分离成位于受体 LUMO 能级上的电子和位于给体 HOMO 能级上的空穴,可以大大增加太阳电池的光生电流。④载流子输运效率。这就要求被分离的自由电子和空穴能有效避免被陷阱俘获,或发生电子与空穴的复合,因此制作具有高纯度的光伏材料至关重要。⑤电荷收集效率。要求电极/光敏化层界面上有较高的电荷收集效率,因此制作具有良好欧姆接触的电极/有源区界面是十分重要的。

3. 填充因子 FF

太阳电池的填充因子受电荷输运与分离电荷复合等因素的影响,同时与器件的串联电阻、有源区形貌以及给体和受体的互穿网络结构有关。因此,提高载流子迁移率、改变共混层的结构形貌等,对于提高填充因子都是十分重要的。

10.5　叠层聚合物太阳电池

目前,聚合物太阳电池存在的主要问题是:①有机材料所吸收的光谱与太阳光谱不匹配,这就使得只有一部分太阳光谱能量被利用,而相当一部分太阳光谱能量得不到充分利用,这是造成其转换效率不高的一个主要原因。由图 10.7 可以看出,P3HT 和 ZnPc 有机材料只能吸收 $500\sim700$nm 波长范围的光子能量;②聚合物太阳电池中的载流子迁移率比较低,一般为 10^{-5}cm²/(V·s),因此使得聚合物太阳电池中的载流子输运效率较低,光生载流子的复合较大。一般而言,可资利用的太阳光谱的波长范围在 $350\sim1500$nm。为了能够有效地吸收太阳光谱,聚合物材料的能隙应在 1.8eV 以下,同时有源区厚度应尽可能增加,以便吸收更多的光子能量。但是,由于有机材料中载流子迁移率不高,故限制了其有源区的厚度,从而使器件的填充因子大大降低[6]。

如果像多结叠层 pn 结太阳电池那样,采用串联电池结构,可以克服以上的不

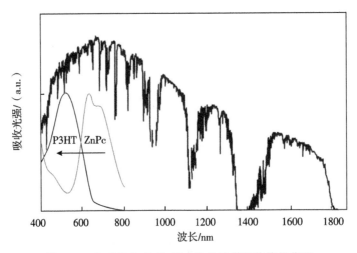

图 10.7 P3HT 和 ZnPc 聚合物的光谱吸收波长范围

足。例如,采用中间连结层将不同吸收波段的聚合物叠加串联起来,以拓宽聚合物太阳电池对太阳光谱波长的吸收范围,进而可以提高太阳电池的开路电压或短路电流,从而使其光伏性能大幅地得以改善。图 10.8(a)和(b)分别示出了叠层串联聚合物太阳电池的器件结构和能带结构,表 10.1 则汇总了一些主要叠层聚合物太阳电池的结构组成与转换效率。

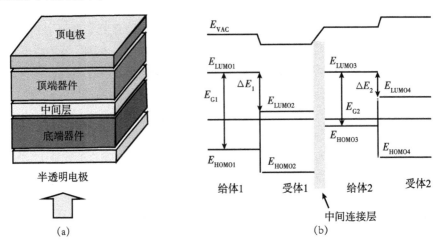

图 10.8 叠层串联聚合物太阳电池的器件结构(a)和能带结构(b)

表 10.1 一些主要叠层聚合物太阳电池的结构组成与转换效率

共混体系	中间连接层	转换效率/%
CuPc : C_{60}	PTCBL	5.7
P3HT : PCBM	Al/MoO$_3$	2.3
P3HT : PCBM	Al/TiO$_2$/PEDOT : PSS	5.84

续表

共混体系	中间连接层	转换效率/%
P3HT：PCBM	Au/V$_2$O$_5$/PEDOT：PSS	
PSBTBT：PCBM		2.0
P3HT：PC$_{70}$BM	TiO$_x$	
PCPDTBT：PCBM		6.5
P3HT：IC$_{60}$BA	TiO$_2$/m-PEDOT	
PSBTBT：PC$_{70}$BM		7
P3HT：PCBM	TiO$_x$/PEDOT：PSS	6.5
P3HT：PC$_{60}$BM	Ag/M$_0$O$_x$	2.8

10.6　给体与受体光伏材料

10.6.1　给体光伏材料

　　P3HT 是最具代表性的共轭聚合物给体光伏材料。结构规则的 P3HT 在固体薄膜中具有强的链间相互作用,而且与 PCBM 共混后仍可保持其适度的聚集状态,使其固体薄膜的吸收峰比溶液的吸收峰有显著的红移和拓宽,并且具有较高的空穴迁移率。聚合物给体材料具有可溶性和成膜性的优点,但也存在相对分子质量分布宽和提纯困难等不足。有机小分子具有确立的相对分子质量,并且可以获得很高的纯度,因此作为给体光伏材料可得到充分利用,图 10.9 示出了一些典型给体光伏材料的分子结构。

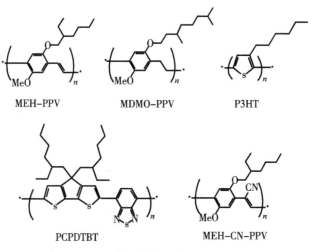

图 10.9　一些典型给体光伏材料的分子结构

10.6.2 受体光伏材料

PCBM 是最具代表性的受体光伏材料,它具有低的 LUMO 能级,亦即具有大的电子亲和势。其值为 $-3.8 \sim -4.2\text{eV}$。此外,PCBM 还具有较高的电子迁移率,其值为 $10^{-3}\text{cm}^2/(\text{V} \cdot \text{s})$。其缺点是可见光吸收较弱,它的主要功能是使其共轭聚合物给体的激子进行电荷分离,接受电子和输运电子。为了克服 PCBM 在可见光区吸收较弱的缺点,可以采用在 $400 \sim 500\text{nm}$ 具有较强吸收的可溶性 C_{70} 衍生物[70]PCBM 代替 PCBM 作为聚合物太阳电池的受体,这将使器件的转换效率提高 20% 以上。聚合物受体材料一般是通过强吸收电子基团或与具有高电子亲和势的受体单元共聚来实现,图 10.10 示出了一些典型受体光伏材料的分子结构。

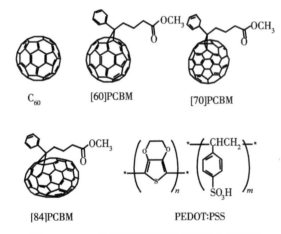

图 10.10 一些典型受体光伏材料的分子结构

除了共轭聚合物和可溶富勒烯之外,像 CdSe 与 ZnO 纳米晶粒也可以作为受体光伏材料。值得注意的是,在其共轭聚合物/无机半导体纳米晶结构的太阳电池中,纳米晶与共轭聚合物的 LUMO 能级和 HOMO 能级的匹配至关重要,要求纳米受体的导带底与价带顶必须同时低于聚合物给体的 LUMO 与 HOMO 能级。

参 考 文 献

[1] 小长井诚,山口真史,近藤道雄.太阳电池的基础与应用.东京:培风馆,2010

[2] 彭英才,于威,等.纳米太阳电池技术.北京:化学工业出版社,2010

[3] 於黄忠.有机共混结构太阳电池的研究进展.物理学报,2013,62:027201

[4] 熊绍珍,朱美芳.太阳能电池基础与应用.北京:科学出版社,2009

[5] McEvoy A.实用光伏手册-原理应用(上)(英文影印本).北京:科学出版社,2013

[6] Gilot J,Wienk M M,Janssen R A J. Double and triple junction polymer solar cells processed from solution. Appl. Phys. Lett. ,2007,90:143512

第 11 章　量子阱太阳电池

　　量子阱太阳电池是以量子阱结构为光吸收有源区而制作的光伏器件。与叠层太阳电池相比，量子阱太阳电池具有某些物理优势：①通过改变组成量子阱材料的组分数、势阱层宽度和势垒层厚度，可以方便地调控其禁带宽度和量子化能级间距；②量子阱结构中的界面缺陷相对较少，这将有效减少界面非辐射复合中心，由此可使暗电流进一步降低；③更重要的是，量子阱太阳电池无需像叠层太阳电池那样，需要在每个子电池中制作一个高浓度掺杂的超薄隧穿结，因而大大降低了工艺难度。但应指出的是，目前所制作的各种量子阱太阳电池其转换效率还相对较低。

　　本章将首先介绍量子阱结构的电子状态，然后介绍量子阱结构的光学性质、载流子输运与 $J\text{-}V$ 特性。最后，讨论一些典型量子阱太阳电池，如 AlGaAs/GaAs 和 InGaAs/GaAsP 量子阱太阳电池的光伏特性。

11.1　量子阱中的电子状态

11.1.1　量子阱中的二维电子能量

　　半导体量子阱是由禁带宽度不同的两种材料交替生长形成的具有一维量子限制效应的低维结构。在这种量子阱结构中，窄带隙材料充当量子阱，宽带隙材料充当势垒层，在量子阱层与势垒层界面具有能带不连续性，其带边失调值大小取决于两种材料的禁带宽度。在量子阱中将形成量子化能级，其能级间距的大小与量子阱层的宽度直接相关，图 11.1 示出了一个单量子阱的能带结构。

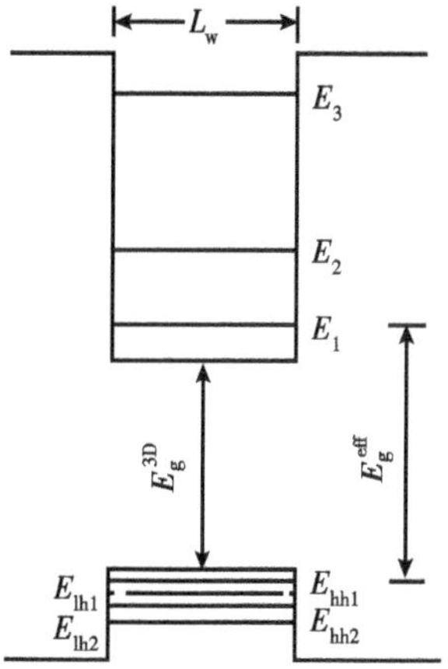

图 11.1　单量子阱的能带示意图

　　量子阱中的电子能量可由下式给出[1]

$$E = \frac{n^2 \pi^2 \hbar^2}{2m_{\text{e}}^* L_{\text{w}}^2} + \frac{\hbar^2}{2m_{\text{e}}^*}(k_x^2 + k_y^2),$$
$$n = 0,1,2,3,\cdots \tag{11.1}$$

式中，m_{e}^* 为电子的有效质量，L_{w} 为量子阱层宽度，n 为量子数。由式(11.1)可以看出，量子阱中电子的运动是准二维的，其能量在 xy 平面内是连续的，而在 z 方向是量子化的。在量子阱内形成一系列的量子化能级,能级的取值与电子的有效质量、量子阱层宽度和带边失调值有关。

量子阱中两个相邻能级之间的能量间隔为

$$\Delta E_{n,n+1} = \frac{\pi^2 \hbar^2}{m_e^* L_w^2}\left(n + \frac{1}{2}\right) \tag{11.2}$$

由上式可知,量子化能级间距与量子数成正比关系。因此,能级由势阱底算起,越往上越稀。量子阱的等效禁带宽度 E_g^{eff} 为

$$E_g^{eff} = E_g^{3D} + \left(\frac{\pi^2 \hbar^2}{2m_e^* L_w^2} + \frac{\pi^2 \hbar^2}{2m_h^* L_w^2}\right) \tag{11.3}$$

式中,E_g^{3D} 为体材料的禁带宽度,m_e^* 和 m_h^* 分别为电子和空穴的有效质量。

11.1.2　量子阱中二维电子的有效状态密度

如上所述,量子阱中的电子在 xy 平面内的运动是自由的,而在 z 方向却受到势阱的量子约束,其本征能量只能取一系列分立的值。而且,其总能量小于 E_1 的状态是不存在的,只有总能量大于 E_1 的状态才能存在。因此,对应于能量为 E_1 的态密度为[2]

$$\rho(E_1) = \frac{m_{e,1}^*}{\pi \hbar^2 L_w}H(E - E_1) \tag{11.4}$$

式中,$H(E-E_1)$ 为台阶函数,且有

$$H(E - E_1) = \begin{cases} 1, E \geqslant E_1 \\ 0, E < E_1 \end{cases} \tag{11.5}$$

以此类推,如果量子阱中有 $n=1,2,3,\cdots,l$ 个量子态,其相应的态密度为

$$\rho(E) = \sum_{n=1}^{l} \rho(E_n) = \frac{1}{\pi \hbar^2 L_w} \times \sum_{n=1}^{l} m_{e,n}^* H(E - E_n) \tag{11.6}$$

图 11.2(a)和(b)分别示出了二维自由运动的电子能量与态密度分布。

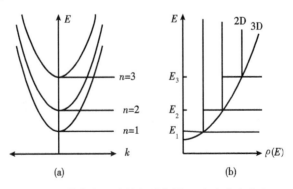

图 11.2　二维自由运动的电子能量(a)和态密度分布(b)

11.1.3　量子阱中二维电子的浓度分布

由于量子阱的态密度分布与体材料不同,因而其电子按能量的分布也不同。当温度为 T 时,对应于能量从 E_1 到无穷大,单位面积势阱的电子数为

$$n(E) = \frac{kTm_e^*}{\pi\hbar^2}\sum_n F_0(x)\left(\frac{E_F - E_n}{kT}\right) \tag{11.7}$$

对于式中的 $F_0(x)$,当 x 为很大正值时,$F_0(x) \to x$;当 x 为很大负值时,$F_0(x) \to 0$。

图 11.3 示出了量子阱和体材料中电子的浓度分布。由图可以看出,量子阱中二维电子的分布占据着较窄的范围,比三维体材料更集中在带边,即子能带中最低能级 E_1 附近的电子浓度比体材料导带底 E_c 附近的电子浓度更大。

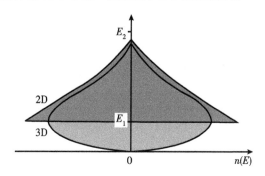

图 11.3　量子阱和体材料中电子浓度的能量分布示意图

11.2　量子阱的光吸收特性

11.2.1　多量子阱的反射率

多量子阱是由量子阱和势垒层构成的多层超薄异质结构,其中存在着多个界面。由于量子阱层和势垒层各自具有不同的折射率,因此将对入射光产生多次反射,进而影响量子阱的光吸收,图 11.4 示出了多量子阱太阳电池 $Al_xGa_{1-x}As/GaAs$ 的平面结构。这是一个 p^+-i-n^+ 结,p^+ 和 n^+ 区分别为 $Al_xGa_{1-x}As$ 材料,中间的 i 层由多量子阱 $Al_xGa_{1-x}As/GaAs$ 充当的结构。其中,$Al_xGa_{1-x}As$ 为势垒层,GaAs 为势阱层。该多量子阱的有效折射率为[3]

$$n_{eff}^2 = \frac{\sum\limits_{j=1}^{N} n_j^2 l_j}{\sum\limits_{j=1}^{N} l_j} = \frac{1}{L}\sum_{j=1}^{N} n_j^2 l_j \tag{11.8}$$

式中,l_j 为量子阱和势垒层的厚度,n_j 为 j 层的折射率。对于 p^+ 层,相应于 $j=1$。第一个量子阱 j 层为 $j=2$,第一个势垒层为 $j=3$,依次类推。因此,太阳电池的总反射

率为

$$R = \frac{r_1^2 + r_2^2 + 2r_1r_2\cos 2\theta}{1 + r_1^2 r_2^2 + 2r_1 r_2 \cos 2\theta} \tag{11.9}$$

式中

$$r_1 = \frac{1 - n_{ARC}}{1 + n_{ARC}} \tag{11.10}$$

$$r_2 = \frac{n_{ARC} - n_{eff}}{n_{ARC} + n_{eff}} \tag{11.11}$$

$$\theta = \frac{2\pi n_{ARC} L_B}{\lambda} \tag{11.12}$$

式中,n_{ARC} 和 L_B 分别为抗反射包层的折射率和厚度。

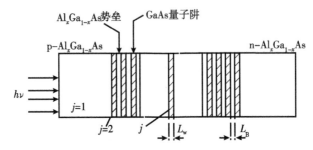

图 11.4　多量子阱太阳电池 $Al_xGa_{1-x}As/GaAs$ 的平面结构

11.2.2　多量子阱的光吸收系数

　　具有二维量子限制作用的量子阱的光吸收系数可由下式给出。当光照波长大于量子阱的第一激发态之间的吸收波长 $\lambda_{w,1}$,即 $\lambda > \lambda_{w,1}$ 时,其吸收系数为

$$\alpha_w(\lambda) = 0 \tag{11.13}$$

而当光照波长大于量子阱的第 n 个激发态之间的吸收波长,而小于 $\lambda_{w,1}$,即 $\lambda_{w,n} < \lambda < \lambda_{w,1}$ 时,其吸收系数有[4]

$$\alpha_w(\lambda) = \alpha(\lambda_{w,1})\Theta\big[(E(\lambda) - E_{gw})\big] + \sum_{i=2}^{n}\big[\alpha(\lambda_{w,i}) - \alpha(\lambda_{w,i-1})\big]$$
$$\times \Theta\big[E(\lambda) - (E_{go} + E_{e,i} + E_{h,i})\big] \tag{11.14}$$

式中,$E(\lambda)$ 是波长为 λ 的入射光子能量,E_{gw} 为量子阱的有效带隙,$E_{e,i}$ 和 $E_{h,i}$ 分别为量子阱中的电子能级和空穴能级,n 为量子阱中的能级数,Θ 为阶梯函数。而当光照波长为 $\lambda < \lambda_{w,n}$ 时,吸收系数为

$$\alpha_w(\lambda) = \alpha(\lambda) \tag{11.15}$$

图 11.5 示出了 $GaAs$、$Al_{0.5}Ga_{1.5}As$ 和 $Al_{0.5}Ga_{0.5}As/GaAs$ 量子阱太阳电池(QWSL)的光吸收系数。

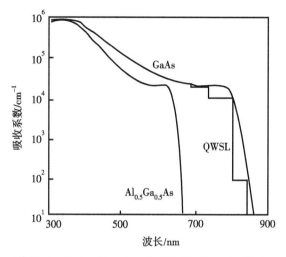

图 11.5　GaAs、$Al_{0.5}Ga_{1.5}As$ 和 $Al_{0.5}Ga_{0.5}As/GaAs$
量子阱太阳电池的光吸收系数

11.3　量子阱中的载流子逃逸现象

载流子逃逸是量子阱太阳电池中的一个十分重要的输运过程。在多结太阳电池中,载流子是通过隧穿输运产生光电流的。而在量子阱太阳电池中,光生电流是依靠光生载流子从量子阱中进行逃逸,并输运到发射区或基区而产生的。研究指出,载流子逃逸几率与量子阱的深度直接相关。相对较深的量子阱可以吸收更多的光子能量,但同时也增加了光生电子的逃逸难度。与此同时,在量子阱中还存在着另一个输运过程,即载流子的复合。如果光生载流子不能及时从量子阱中进行逃逸,则会产生复合,因此使光生电流减小。也就是说,量子阱中载流子的逃逸与复合是一个相互竞争的输运过程。下面,具体讨论量子阱中载流子的逃逸现象。图 11.6(a)和(b)示出了一个多量子阱结构和其中的载流子逃逸过程。

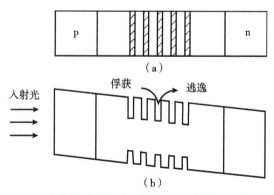

图 11.6　一个多量子阱的平面结构(a)和载流子逃逸过程(b)

11.3.1　载流子产生速率方程

图 11.7(a)和(b)分别示出了 GaInAs/GaAs 和 GaInNAs/GaAs 量子阱的能带形式。在光照条件下,载流子产生速率方程为[5]

$$\frac{\mathrm{d}N_b}{\mathrm{d}t} = \frac{I_b}{q} + \frac{N_w}{\tau_{esc}} - \frac{N_b}{\tau_{cap}} - \frac{N_b}{\tau_b} \tag{11.16}$$

$$\frac{\mathrm{d}N_w}{\mathrm{d}t} = \frac{I_w}{q} - \frac{N_w}{\tau_{esc}} + \frac{N_b}{\tau_{cap}} - \frac{N_w}{\tau_w} \tag{11.17}$$

式中,N_b 和 N_w 分别为体材料和量子阱中的载流子数,I_b 和 I_w 分别为体材料和量子阱中的产生电流,τ_b 和 τ_w 分别为体材料和量子阱中的复合时间,τ_{esc} 和 τ_{cap} 分别为载流子逃逸时间和俘获时间,τ_b 为载流子通过 i 层的载流子输运时间,q 为电子电荷。

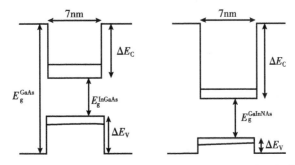

图 11.7　GaInAs/GaAs(a)和 GaInNAs/GaAs(b)量子阱的能带形式

11.3.2　载流子输运时间

在量子阱太阳电池中,载流子的输运过程由扩散和漂移组成,其输运时间可由下式给出[6]

$$\frac{1}{\tau_d} = \frac{1}{\tau_{dri}} + \frac{1}{\tau_{dif}} \tag{11.18}$$

式中

$$\tau_{dri} = \frac{W_b}{\upsilon_{dri}} = \frac{L_b}{\upsilon_n + \upsilon_p} \tag{11.19}$$

$$\tau_{dif} = \frac{W^2}{2D} \tag{11.20}$$

以上两式中

$$\upsilon_n = \frac{\mu_n \mathscr{E}}{\sqrt{1 + \left(\dfrac{\mu_n \mathscr{E}}{\upsilon_{n,sat}}\right)}}, \quad \upsilon_p = \frac{\mu_p \mathscr{E}}{\sqrt{1 + \left(\dfrac{\mu_p \mathscr{E}}{\upsilon_{p,sat}}\right)}} \tag{11.21}$$

$$D = \frac{2D_n D_p}{D_n + D_p}, \quad D_{n,p} = \mu_{n,p}\frac{kT}{q} \tag{11.22}$$

式中,τ_{dri} 和 τ_{dif} 分别为漂移和扩散时间,W_b 为 i 区的宽度,υ_n 和 υ_p 分别为电子和空穴的漂移速度,$\mathscr{E}$ 为外加电场,$\upsilon_{n,sat}$ 和 $\upsilon_{p,sat}$ 分别为电子和空穴的饱和漂移速度,D_n 和 D_p 分别为电子和空穴的扩散系数,μ_n 和 μ_p 分别为电子和空穴的迁移率。图 11.8(a) 和 (b) 分别示出了 InGaAs/GaAs 和 GaInNAs 量子阱中的载流子输运时间随 i 层宽度的变化。

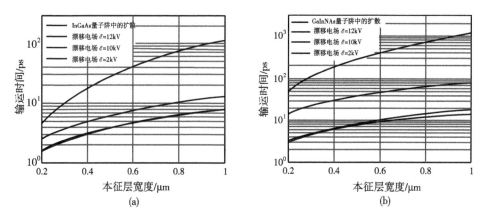

图 11.8 InGaAs/GaAs(a) 和 GaInNAs/GaAs 量子阱(b) 中的载流子输运时间随 i 层宽度的变化

11.3.3 载流子逃逸时间

为了能够定量地研究量子阱中的载流子逃逸过程,可以从确定其逃逸时间入手。在一定的温度和电场强度下,设在给定子能带中的载流子浓度为 N,则载流子由于复合而造成的损失速率为[7]

$$\frac{N}{\tau} = N\left(\frac{1}{\tau_{rec}} + \frac{1}{\tau_{esc}}\right) = N\left(\frac{1}{\tau_{rad}} + \frac{1}{\tau_{non}} + \frac{1}{\tau_t} + \frac{1}{\tau_{th}}\right) \tag{11.23}$$

式中,τ_{rec} 为复合时间,它由辐射复合时间 τ_{rad} 和非辐射复合时间 τ_{non} 组成。τ_{esc} 为逃逸时间,它由隧穿逃逸时间 τ_t 和热电离逃逸时间 τ_{th} 组成。在没有复合的情形下,从封闭量子阱中逃逸的载流子数可由下式给出

$$\frac{N}{\tau_{esc}} = \frac{N}{\tau_t} + \frac{N}{\tau_{th}} \tag{11.24}$$

其中,τ_t 和 τ_{th} 又可分别由以下两式表示

$$\frac{1}{\tau_t} = \frac{1}{W^2}\frac{nh}{2m_w^*}\exp\left(-\frac{2}{h}\int_0^{L_B}\sqrt{2m_b^*\left[qV(z) - E_n - q\mathscr{E}_z\right]}\,dz\right) \tag{11.25}$$

$$\frac{1}{\tau_{th}} = \frac{1}{L_w}\sqrt{\frac{kT}{2\pi m_w^*}}\exp\left(-\frac{E_{barr}(\mathscr{E})}{kT}\right) \tag{11.26}$$

式中,m_w^* 为量子阱中载流子的有效质量,m_b^* 为势垒层中载流子的有效质量,L_w 为量子阱宽度,L_B 为势垒层厚度,$E_{barr}(E)$ 为第 n 个子能带的势垒高度,$V(z)$ 为任意势和 $\mathscr{E}_z$ 为电场强度。在有电场 $\mathscr{E}$ 存在的情形下,$E_{barr}(\mathscr{E})$ 可写成如下形式

$$E_{\mathrm{barr}}(\mathscr{E}) = \Delta E_{\mathrm{C,v}} - E_n - q\,\frac{\mathscr{E}L_{\mathrm{w}}}{2} \tag{11.27}$$

式中，$\Delta E_{\mathrm{C,v}}$ 为导带或价带的带边失调值，E_n 为从势阱中心确定的第 n 个子能带的能量，q 为电子电荷。逃逸时间与量子阱中的电场强度、势阱宽度、带边失调值以及子能带能量密切相关。图 11.9(a) 和 (b) 分别示出了 InGaAs/GaAs 和 GaInNAs/GaAs 量子阱中载流子的逃逸时间随势垒层高度的变化。

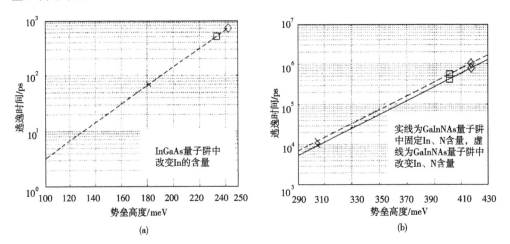

图 11.9　InGaAs/GaAs(a) 和 GaInNAs/GaAs 量子阱(b) 中的载流子逃逸时间随势垒高度的变化

11.4　量子阱太阳电池的 J-V 特性

对于一个理想的多量子阱太阳电池，其电流密度可由下式表示[8]

$$J_{\mathrm{QW}}(V) = J_{\mathrm{B}}(V) + \left\{ J_0(r_{\mathrm{R}} - 1)\beta \left[\exp\left(\frac{qV}{kT}\right) - 1 \right] - q(\phi_{\mathrm{A}} - \phi_{\mathrm{B}}) \right\} \tag{11.28}$$

式中，$J_{\mathrm{B}}(V)$ 为标准太阳电池的电流密度，它可由下式给出

$$J_{\mathrm{B}}(V) = J_0(1 + \beta)\left[\exp\left(\frac{qV}{kT}\right) - 1 \right] - q\phi_{\mathrm{B}} \tag{11.29}$$

结合式 (11.28) 和式 (11.29)，则有

$$J_{\mathrm{QW}}(V) = J_0(1 + \beta r_{\mathrm{R}})\left[\exp\left(\frac{qV}{kT}\right) - 1 \right] - q\phi_{\mathrm{A}} \tag{11.30}$$

式中，J_0 为理想二极管的饱和电流密度，β 是与本征层有关的参数，r_{R} 为辐射增强比，k 为玻尔兹曼常量，T 为绝对温度，q 为电子电荷，ϕ_{A} 是量子阱太阳电池吸收的光子流。它可由下式表示

$$\phi_{\mathrm{A}} = N_{\mathrm{w}} \sum_n N_{\mathrm{ph}}(\lambda_n) \exp[\alpha_{\mathrm{w}}(\lambda_n)L_{\mathrm{w}}]\Delta\lambda_n \tag{11.31}$$

式中，N_{w} 为量子阱的层数，$N_{\mathrm{ph}}(\lambda_n)$ 是与太阳光谱有关的参数，λ_n 是具有 $\Delta\lambda_n$ 线宽的

允许跃迁波长, L_w 为量子阱的宽度。$\alpha_w(\lambda_n)$ 为量子阱材料的吸收系数, 它可以写成下式

$$\alpha_w(\lambda_n) = 2.2 \times 10^5 \sqrt{\frac{hc}{\lambda_n} - E_g} \tag{11.32}$$

式中, E_g 为量子阱的禁带宽度, h 为普朗克常量。按照理想二极管的模型, 则有

$$J_0 = qn_i^2 \sqrt{\frac{4\mu kTB_B}{qN}} \tag{11.33}$$

式中, N 为施主或受主掺杂浓度 ($N = N_d = N_a$), B_B 为复合系数, n_i 为势垒区的本征载流子浓度, 有效载流子迁移率由下式给出

$$\mu = \frac{1}{4}\left(\sqrt{\mu_n} + \sqrt{\mu_p}\right)^2 \tag{11.34}$$

式中, μ_n 和 μ_p 分别为电子和空穴的迁移率。等式 (11.30) 中的 β 由下式表示

$$\beta = W\sqrt{\frac{qNB_B}{4\mu kT}} \tag{11.35}$$

式中, W 为本征层的厚度, 且有

$$W = N_w(L_w + L_B) \tag{11.36}$$

式中, L_B 为势垒层的厚度。等式 (11.28) 中的 r_R 由下式给出

$$r_R = 1 + f_w\left[r_B r_{DOC}^2 \exp\left(\frac{\Delta E}{kT}\right) - 1\right] \tag{11.37}$$

式中, f_w 是量子阱材料在本征层中的体积占有比, r_B 和 r_{DOC} 分别表示振荡增强因子和态密度的增强因子。

11.5 $Al_x Ga_{1-x}As/GaAs$ 量子阱太阳电池

11.5.1 *J-V* 特性

$Al_x Ga_{1-x}As/GaAs$ 量子阱太阳电池是一种典型的量子阱光伏器件, 图 11.10(a) 和 (b) 分别示出了 $Al_x Ga_{1-x}As/GaAs$ 量子阱太阳电池的能带结构和由计算得到的 $Al_x Ga_{1-x}As/GaAs$ 量子阱太阳电池, 在 GaAs 量子阱的禁带宽度为 $E_g^A = 1.42eV$, 量子阱层数为 $N = 5$ 和载流子漂移速度为 $v = 30cm/s$, 当 $Al_x Ga_{1-x}As$ 势垒禁带宽度 E_g^B 不同时的 *J-V* 特性。可以看出, 当 $E_g^B = 1.45eV$ 和 $\Delta E_C = 33meV$ 时, 对于 $d_w = 1nm$ 和 $d_w = 10nm$ 的量子阱太阳电池, 都获得了大于 $30mA/cm^2$ 的电流密度, 开路电压大于 0.8V。而当 $E_g^B = 1.88eV$ 和 $\Delta E = 460meV$ 时, 对于 $d_w = 1nm$ 的量子阱太阳电池, 电流密度较小, 其值约为 $17mA/cm^2$。而当 $d_w = 10nm$ 时, 电流密度迅速增加, 其值可达 $27.5mA/cm^2$。这种较大电流密度的增加, 是由于随着势阱宽度的增加, 有效增加了入射光子数所导致[9]。

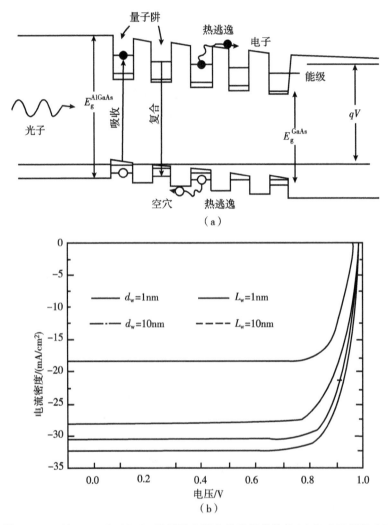

图 11.10 $Al_x Ga_{1-x} As/GaAs$ 量子阱太阳电池的能带结构(a)和 J-V 特性(b)

11.5.2 转换效率

图 11.11(a)和(b)分别示出了 $Al_x Ga_{1-x} As/GaAs$ 量子阱太阳电池的转换效率随 $Al_x Ga_{1-x} As$ 的禁带宽度 E_g^B 和 GaAs 量子阱层数 N 的变化。由图 11.11(a)可以看到,当太阳电池没有量子阱结构时,最高转换效率为 24%,而有多量子阱结构时,其最高转换效率可达 27%。与此同时,由该图还可以看出,随着 E_g^B 的增加,转换效率有较大幅度的下降。这是由于随着 E_g^B 的增加,载流子复合增加和开路电压减小,这两个因素将导致转换效率的降低。由图 11.11(b)可以看出,随着量子阱层数的增加,转换效率单调线性增加。

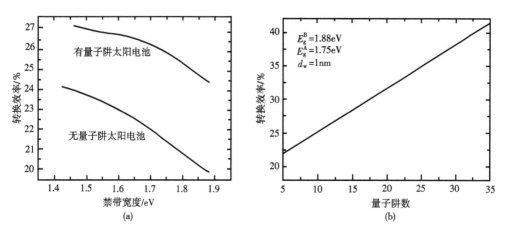

图 11.11　$Al_x Ga_{1-x} As/GaAs$ 量子阱太阳电池的转换效率随禁带宽度(a)和量子阱数(b)的变化

11.5.3　量子效率

量子阱太阳电池的量子效率可由下式表示

$$QE(\lambda) = [1 - R(\lambda)] \exp\{(- \sum \alpha_i d_i) \times [1 - \exp(- \alpha_B W - N \alpha_n^*)]\}$$

$$(11.38)$$

式中,$R(\lambda)$ 为表面反射率,α_i 和 d_i 为每层的吸收系数和宽度,α_B 为体材料的吸收系数,N 为量子阱的层数,α_n^* 为无量纲量子阱吸收系数,图 11.12 示出了 AlGaAs/GaAs 量子阱太阳电池的量子效率。由图可以看出,$Al_x Ga_{1-x} As/GaAs$ 量子阱太阳电池的吸收边为 1.42eV,并在入射光子能量为 2eV 时,可以获得最高的量子效率。

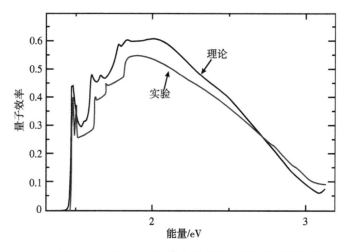

图 11.12　$Al_x Ga_{1-x} As/GaAs$ 量子阱太阳电池的转换效率随波长的变化

11.6　InGaAs/GaAsP 量子阱太阳电池

　　InGaAs/GaAsP 量子阱太阳电池是另一种Ⅲ-Ⅴ族化合物太阳电池,图 11.13 示出了该太阳电池的能带结构,图 11.14(a)和(b)分别示出了 InGaAs/GaAsP 和 GaInNAs/GaAs 量子阱太阳电池的量子效率。由图 11.14(a)可以看出,InGaAs/GaAsP 量子阱太阳电池在 400～950nm 波长范围具有很好的光谱响应特性。尤其是在 800nm 波长,其外量子效率高达 90％以上。对于 GaInNAs/GaAs 多量子阱太阳电池,图 11.14(b)中的曲线①是 GaAs 单结太阳电池的光谱响应曲线,其波长吸收范围在 450～900nm,外量子效率为 40％。曲线②为 GaInNAs/GaAs 多量子阱的光谱响应曲线,该量子阱太阳电池的光谱响应可分为三个区域:在 450～600nm 波长范围,光子能量主要被宽带隙的窗口层所吸收。在 n 型发射区产生的空穴少数载流子必须穿过结区,才能对光电流产生贡献。由于 GaInAs 材料由 N 稀释后,价带的带边失调值减小,量子阱对少数载流子空穴输运的影响是很小的;对于大于 600～900nm 的波长范围,透射过发射区的载流子数增加,因而增大了来自于量子阱和电池基区的光电流;当吸收波长增加到 900nm 时,外量子效率急剧下降,这是由于光生载流子的逃逸几率减小的缘故。在 900～1025nm 的波长范围,与 GaAs 太阳电池相比显然是拓宽了吸收波长,这主要由于 GaInNAs 的带隙能量小于 GaAs,以至于量子阱可以吸收该红外波长的能量,但其量子效率是比较低的。

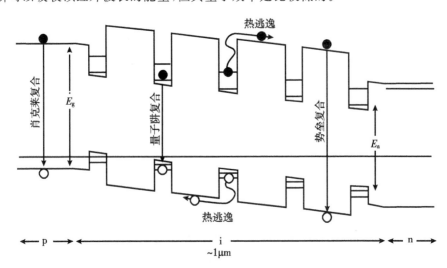

图 11.13　InGaAs/GaAsP 量子阱太阳电池的能带结构

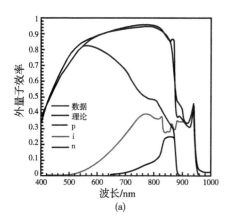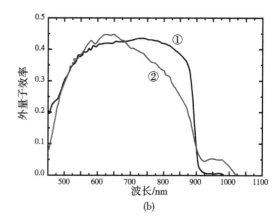

图 11.14　InGaAs/GaAsP(a)和 GaInNAs/GaAs(b)量子阱太阳电池的量子效率随波长的变化

参 考 文 献

［1］江剑平，孙成城.异质结原理与器件.北京：电子工业出版社，2010

［2］彭英才，赵新为，傅广生.低维半导体物理.北京：国防工业出版社，2011

［3］Pault F K，Zahedi A. Ideal quantum well solar cell desvigns. Physica，2004，E21：61

［4］Paulescu M，Paulescu E T，Gravila P. A hybrid model for guantum well solar cells. International-al Journal of Modern Physics，2010，B24：2121

［5］Tsai C Y. Effects of carrier escape and capture procelles on quamtum well solar cells：a theoretical investigation. IET Optoelectron.，，2009，3：300

［6］Kengradoming O，Jiang S，Wang Q，et al. Modelling escape and caputure processes in GaInNAs quamtum well solar cells. Phys. Status Solidi，2013，C10：585

［7］彭英才，傅广生.新概念太阳电池.北京：科学出版社，2014

［8］Deng Q，Wang X，Xiao H，et al. An investigation on $In_x Ga_{1-x} N/GaN$ multiple quantum well solar cells. J. Phys. D：Appl. Phys.，2011，44：265103

［9］Rimada J C，Hernandez L. Modelling of ideal AlGaAs quantum well solar cells. Microelectronics Journal，2001，32：719

［10］Barnham K，Ballard I，Barnes J，et al. Quantuml well solar cells. Applied Surface Science，1997，(113-114)：722

第 12 章　量子点中间带太阳电池

在光照射条件下,半导体将吸收光子能量并产生载流子的激发跃迁。对于单带隙材料来说,能量低于禁带宽度的光子不能被吸收,所以电子不能从价带(VB)激发到导带(CB)中去,因此不能形成光生电流,这是造成太阳电池转换效率不高的一个重要原因。因此人们想到,如果在禁带中再引入另一个中间带(IB),原来太阳光谱中不能被吸收的低能光子有可能被价电子吸收,并使之先跃迁到中间带,而后它再吸收另一个低能光子从中间带跃迁到导带中去。这就意味着,中间带的设置为电子的激发跃迁提供了一个新的能量台阶,由此进一步拓宽了光伏材料对太阳光谱的能量吸收范围,从而可以使太阳电池的转换效率大大提高,这就是所谓的中间带太阳电池(IBSC)。如果中间带材料由量子点充当,这种中间带太阳电池被称为量子点中间带太阳电池(QD-IBSC)。

中间带太阳电池是一种典型的能量上转换光伏器件。理论研究指出,其极限效率可高达 56% 以上。本章将首先介绍中间带太阳电池的工作原理与量子点中间带的物理性质。然后,重点讨论以 InAs/GaAs 量子点阵列为中间带的量子点中间带太阳电池的电流输运理论。最后,讨论影响量子点中间带太阳电池光伏性能的某些物理因素。

12.1　中间带材料中的电子转移过程

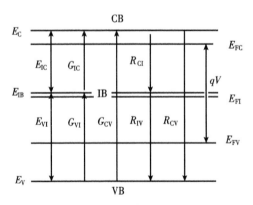

图 12.1　中间带半导体材料的简化能带图

中间带材料中的电子转移过程直接影响着中间带太阳电池的光伏特性,图 12.1 示出了具有中间带半导体材料的简化能带图。其中,G_{VI}、G_{IC}、G_{CV} 分别表示在光照下电子从价带到中间带,再从中间带到导带和从价带到导带的产生过程。R_{IV}、R_{CI}、R_{CV} 分别表示电子从导带到中间带,再从中间带到价带和从导带到价带,并与空穴的复合过程。E_{FC}、E_{FI} 和 E_{FV} 分别表示导带、中间带和价带的准费米能级,E_{IC} 和 E_{VI} 分别表示从中间带到导带和从价带到中间带的能量。

　　为了理论描述电子在不同带间的转移过程,首先作出以下两个假设:①中间带应该是半填满的。②包含量子点阵列的区域不应全部局域在空间电荷区中。下面,首先考虑导带与中间带之间的电子转移。每单位体积内的电子复合速率和产生速率分别由以下二式表示[1]

$$r_{CI} = \sigma_e N_I (1 - f) \upsilon_{th} n \tag{12.1}$$

$$g_{CI} = e_e N_I f + g_{CI}^L \tag{12.2}$$

式中,σ_e 为中间带的一个空位俘获来自导带电子的俘获截面,f 为中间带的占有因子,υ_{th} 为电子的运动速度,n 为电子浓度,e_e 为中间带内一个占有态的发射因子。而 g_{CI}^L 可由下式给出

$$g_{CL}^L = \gamma_{CI} N_L f \upsilon_{th} \tag{12.3}$$

式中,γ_{CI} 为正比于光强度的参数。

　　类似地,在中间带和价带之间的电子转移可由以下二式给出

$$r_{IV} = \sigma_h N_I f \upsilon_{th} P \tag{12.4}$$

$$g_{IV} = e_h N_I (1 - f) + g_{IV}^L \tag{12.5}$$

式中,σ_h 和 e_h 分别为空穴的俘获截面和发射系数,P 为空穴浓度,g_{IV}^L 为由光子吸收过程诱导的产生速率,它可由下式给出

$$g_{IV}^L = \gamma_{IV} N_I (1 - f) \upsilon_{th} \tag{12.6}$$

式中,γ_{IV} 是依赖于入射光强度的参数。

　　发射因子 e_h 和 e_e 分别由以下二式给出

$$e_h = \sigma_h n_i \upsilon_{th} \exp \frac{E_i - E_{IB}}{kT} \tag{12.7}$$

$$e_e = \sigma_e n_i \upsilon_{th} \exp \frac{E_{IB} - E_i}{kT} \tag{12.8}$$

式中,n_i 为本征载流子浓度,E_i 为本征能级的位置,k 为玻尔兹曼常量,T 为绝对温度和 E_{IB} 为中间带的位置。

　　利用以上的结果可以描述导带和价带之间通过中间带的电子转移过程,即从价带到导带的净电子转移速率为

$$G = g_{CI} - r_{CI} = g_{IV} - r_{IV} \tag{12.9}$$

由式(12.1)～式(12.8)可以推导出

$$G = \frac{N_I \upsilon_{th}}{Z} \left[\sigma_e r_{IV} n_i \exp\left(\frac{E_{IB} - E_i}{kT}\right) + \sigma_h \upsilon_{CI} n_i \exp\left(\frac{E_i - E_{IB}}{kT}\right) + r_{CI} \gamma_{IV} - \sigma_h \sigma_e (pn - n_i^2) \right] \tag{12.10}$$

其中

$$Z = \sigma_e n_i \exp\left(\frac{E_{IB} - E_i}{kT}\right) + \sigma_h n_i \exp\left(\frac{E_i - E_{IB}}{kT}\right) + \gamma_{CI} + \gamma_{IV} + p\sigma_h + n\sigma_e \tag{12.11}$$

12.2　中间带太阳电池的工作原理

12.2.1　能量上转换原理

中间带太阳电池是一种典型的能量上转换光伏器件,其物理含义是将太阳光中不能被直接吸收的低于带隙能量的光子进行上转换加以利用。换言之,引入中间带材料等于进一步拓宽了光伏材料对太阳光谱的波长吸收范围,这对提高太阳电池的转换效率是十分有利的。图 12.2(a)和(b)是一个中间带太阳电池的能带结构和理论计算优化的中间带位置,它将导带和价带之间的总能隙 E_g 分成两个子带隙,即上子能带 E_{IC} 和下子能带 E_{VI}。当入射光子被太阳电池吸收时,电子的跃迁不仅发生在导带与价带之间,而且还发生在价带与中间带之间和中间带与导带之间,即可以吸收具有不同能量的光子,从而使光子的利用率得以提高。中间带最好是部分填充的(或是半满的),这样它可以有效接收价带的电子,并能向导带提供足够数量的电子。太阳电池的输出电压由导带和价带的准费米能级之差决定,而不受子能带 E_{IC} 和 E_{VI} 的影响,因此输出电压保持恒定。由于低能光子得到了有效利用,所以太阳电池的光电流可以明显增加[2]。例如,对于一个 $E_g = 1.95\text{eV}$、$E_{IC} = 0.71\text{eV}$ 和 $E_N = 1.24\text{eV}$ 的优化带隙组合中间带太阳电池,在最大聚光条件下的理论转换效率为 63%。

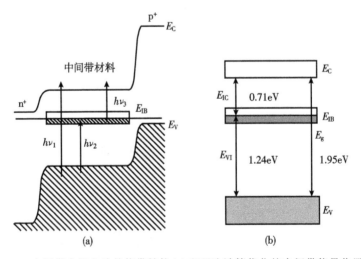

图 12.2　中间带太阳电池的能带结构(a)和理论计算优化的中间带能量位置(b)

12.2.2　细致平衡原理

统计理论指出,一个系统宏观平衡的充分必要条件是细致平衡原理,它是讨论宏观体系的物理基础。太阳电池的能量转换过程,涉及太阳电池周围环境,以及电池本身三部分组成的系统。从这三个子系统组成的宏观体系所满足的条件出发，可以讨论太阳电池的能量转换效率的极限。图 12.3(a) 示出了一个中间带太阳电池的能带图。为了便于分析问题，需作出如下六个假定：①被太阳电池吸收的一个光子只能产生一个电子-空穴对，并且载流子在带内迅速被加热和弛豫；②作为复合过程，仅考虑发光的辐射复合；③光吸收层中的准费米能级与位置无关，电子与空穴具有相同的分布状态；④光吸收层足够厚，而且表面的光反射损失可以忽略；⑤各带间的光吸收谱不发生重叠；⑥在太阳电池内部由光吸收产生的载流子和因复合消失的载流子，以及作为电流输出到外部的载流子处于一个动态平衡状态。因此有以下三式[3]

$$\frac{J}{q} = G_{CV} + G_{IC} - R_{CV} - R_{CI} \qquad \text{（导带）} \qquad (12.12)$$

$$0 = G_{IC} - G_{VI} - R_{CI} + R_{IV} \qquad \text{（中间带）} \qquad (12.13)$$

$$\frac{J}{q} = G_{CV} + G_{VI} - R_{CV} - R_{IV} \qquad \text{（价带）} \qquad (12.14)$$

以上三式中，J 为电流密度，q 为电子电荷，G_{CV}、G_{IC} 和 G_{VI} 分别为 VB→CB、IB→CB 和 VB→IB 的载流子产生速率，R_{CV}、R_{CI} 和 R_{IV} 分别为 CB→VB、CB→IB 和 IB→VB 的载流子复合速率。

在 E_{min} 到 E_{max} 整个能量范围内的光子流可由下式表示

$$N(E_{min}, E_{max}, T, \mu) = \frac{2\pi}{h^3 c^2} \int_{E_{min}}^{E_{max}} \frac{E^2}{\exp\{(E-\mu)/kT\} - 1} dE \qquad (12.15)$$

式中，h 为普朗克常量，c 为真空中的光速，k 为玻尔兹曼常量，μ 为电子-空穴对的化学势。采用式(12.15)，式(12.12)～式(12.14)中的载流子产生率和复合率可由以下各式给出

$$G_{CV} = Xf_s N(E_g, \infty, T_s, 0) + (1 - Xf_s) N(E_g, \infty, T_a, 0) \qquad (12.16)$$

$$G_{IC} = Xf_s N(E_{IC}, E_{VI}, T_s, 0) + (1 - Xf_s) N(E_{IC}, E_{VI}, T_a, 0) \qquad (12.17)$$

$$G_{VI} = Xf_s N(E_{VI}, E_g, T_s, 0) + (1 - Xf_s) N(E_{VI}, E_g, T_a, 0) \qquad (12.18)$$

$$R_{CV} = N(E_g, \infty, T_a, E_{FC} - E_{FV}) \qquad (12.19)$$

$$R_{CI} = N(E_{IC}, E_{VI}, T_a, E_{FC} - E_{FI}) \qquad (12.20)$$

$$R_{IV} = N(E_{VI}, E_g, T_a, E_{FI} - E_{FV}) \qquad (12.21)$$

以上各式中，X 为集光倍率，T_s 为太阳的表面温度，T_a 为周围环境和太阳电池的温度，f_s 是由太阳的直径和太阳与地球之间的距离决定的系数，$f_s = 2.16 \times 10^{-5}$。

由输出电压

$$V = (E_{FC} - E_{FV})/q \qquad (12.22)$$

可以求出电流-电压特性。将最大输出功率

$$P_{max} = J_{max} V_{max} \qquad (12.23)$$

除以入射光功率，就可以得到太阳电池的转换效率，图 12.3(b) 示出了在 $T_s = 6000K$

和 $T_0 = 300K$ 时太阳电池的理论转换效率。由图可见,对于中间带太阳电池,在非聚光条件下($E_g = 2.4eV$,$E_{IC} = 0.93eV$),最高转换效率为 47%。而在聚光条件下($E_g = 1.9eV$,$E_{IC} = 0.7eV$),最高转换效率高达 63%,此值远高于单结太阳电池的最高转换效率 40.7%。

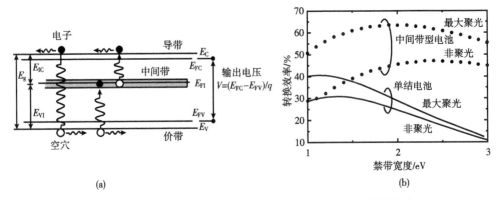

图 12.3　中间带太阳电池的能带结构(a)和计算得到的理论转换效率(b)

12.3　量子点中间带的物理性质

12.3.1　量子点中间带的结构特点

如前所述,除了利用掺杂方法实现中间带材料之外,采用量子点结构有可能是一种最有希望的中间带半导体材料。如果将纳米量子点引入基质材料中,通过改变量子点的尺寸大小,可以灵活调节其能带宽度,从而利用量子尺寸效应改变能级分裂的距离,图 12.4(a)和(b)分别示出了具有量子点结构的中间带太阳电池和量子点中间带的形成。此处的窄带隙量子点为势阱,宽带隙半导体为势垒,量子点中的能级是量子化的。由于量子点的紧密排列,势垒区很窄,电子的运动具有共有化特征,进而形成微带输运,这个微带可以起到中间带的作用。如前所述,中间带应该是半填满的,有足够的电子与空穴浓度。因此量子点应是施主掺杂的,这样的结构可以基本满足中间带要求。

作为量子点中间带太阳电池的有源区通常由两种材料组成,一种是基质材料,另一种是量子点中间带材料,后者被镶嵌于前者之中。对它们的要求主要有以下两点:①基质材料的禁带宽度应相对较宽,而量子点中间带材料的禁带宽度应相对较窄。此外,还要求二者应有比较适宜的带隙组合,以能够有效拓宽对太阳光的光谱吸收范围。②二者应具有一定的晶格失配度,以便于采用 MBE 方法并基于 S-K 生长模式,使量子点中间带材料自组织形成在基质材料中。目前,作为量子点中间带太阳电池的主要材料组合是Ⅲ-Ⅴ族的 InAs/GaAs 体系。

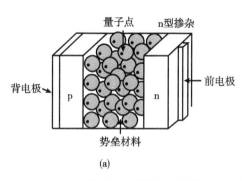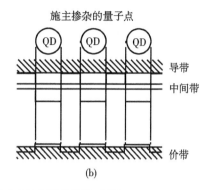

图 12.4　量子点中间带太阳电池结构(a)和中间带的形成(b)

　　然而,采用量子点中间带制备太阳电池,至今仍面临许多实际困难:①要求量子点具有规则排列,这样才能得到一致的中间带能级;②强的光吸收要求量子点密度应足够高,并且还要求部分量子点处于耗尽区等。因此,实现真正意义上的量子点中间带太阳电池尚需做更多的努力。

12.3.2　量子点阵列的光吸收特性

　　在中间带太阳电池中有三个子带吸收过程,其中包括从价带到中间带空态的吸收,从中间带的占有态到导带的吸收以及从基质材料的价带到导带的吸收。为了使太阳电池获得较高的转换效率,应该满足以下两个条件:①VB→IB 和 IB→CB 的吸收光谱之间不能有重叠现象,这个条件可以利用量子点阵列实现,该条件可以确保在给定的中间带位置下实现最高的转换效率。②VB→IB 和 IB→CB 的激发必须是光学允许的,这样由量子点阵列充当的中间带必须具有足够的密度。

　　为了描述光吸收和与辐射相关的过程,需要利用光学矩阵元,并被定义为 $|\hat{e} \cdot \boldsymbol{p}_{if}|^2$。其中,$\hat{e}$ 为光极化矢量,而量子结构的电子-空穴动量 $\boldsymbol{p}_{if}(\boldsymbol{k})$ 可由下式给出[4]

$$\boldsymbol{p}_{if}(\boldsymbol{k}) = (m_0/h)\langle i \mid \partial \boldsymbol{H}_k/\partial \boldsymbol{k} \mid f \rangle \tag{12.24}$$

式中,$\langle i \mid$ 和 $\mid f \rangle$ 是在该过程中的初态与末态。在量子点结构中,令 $\boldsymbol{p}_{if}(\boldsymbol{k})$ 为偶极子矩阵元,则在偶极子近似下量子点阵列的吸收系数可由下式给出

$$\alpha(h\nu) = \frac{\pi q^2}{c \varepsilon_0 m_0^2 n \nu b^2} \sum_{i,f,k} \mid \hat{e} \cdot \boldsymbol{p}_{if}(\boldsymbol{k}) \mid^2 (f_i - f_f) \delta[E_i(\boldsymbol{k}) - E_f(\boldsymbol{k}) - h\nu]$$

$$\tag{12.25}$$

式中,q 为电子电荷,c 为真空中的光速,m_0 为静止的电子质量,$\bar{n}$ 为材料的折射率,ε_0 为真空介电常数,ν 为光子频率,b^2 为量子点区域的面积,f_i 和 f_f 分别为初始的和最终的微带的费米分布。$\delta(x)$ 可由下式给出,即

$$\delta(x) = \exp[-(x/\sqrt{2}\sigma)^2] \sqrt{2\pi}\sigma] \tag{12.26}$$

式中,σ 为唯象的展宽因子,这是因为考虑到量子点阵列结构的起伏。

图 12.5 示出了 InAs/GaAs 量子点阵列的吸收光谱。可以看出,IB→CB 的吸收峰位于 0.124eV 处,VB→IB 的吸收峰位于 1.2eV 处,而 VB→CB 的吸收边位于 1.33eV 处,VB→IB 和 VB→CB 的吸收峰大体相同,其吸收系数为 $\sim 10^4 cm^{-1}$,而 IB→CB 的吸收系数大约为前者的 4 倍。

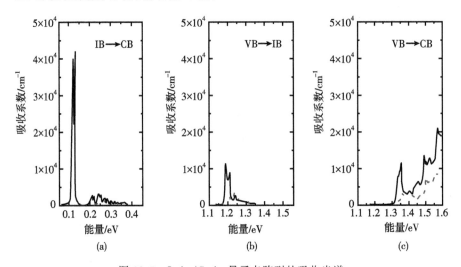

图 12.5 InAs/GaAs 量子点阵列的吸收光谱

12.3.3 量子点阵列中的载流子复合

辐射复合是直接带隙半导体中的一个不可避免的载流子复合过程,它是引起光生电子和空穴损失的主要途径。在量子点阵列中,辐射复合寿命可由下式给出

$$\frac{1}{\tau_{if}^{\text{rad}}(\boldsymbol{k})} = \frac{4\bar{n}}{3} \frac{[E_i(\boldsymbol{k}) - E_f(\boldsymbol{k})]}{\pi\hbar^2 c^3 \varepsilon_0} [|\hat{q}_x \cdot \boldsymbol{p}_{if}(\boldsymbol{k})|^2 + |\hat{q}_y \cdot \boldsymbol{p}_{if}(\boldsymbol{k})|^2 + |\hat{q}_z \cdot \boldsymbol{p}_{if}(\boldsymbol{k})|^2]$$

$$\tag{12.27}$$

τ_{if}^{rad} 主要由光学矩阵元 $p_{if}(\boldsymbol{k})$ 及初态与末态的差 $E_i(\boldsymbol{k}) - E_f(\boldsymbol{k})$ 所决定。

非辐射的俄歇复合过程在纳米半导体结构的载流子输运动力学中起着一个重要作用。我们可以考虑两个主要俄歇过程,即电子的变冷和双激子复合。利用含时微扰理论和费米黄金规则,可以给出俄歇复合寿命的表达式

$$\frac{1}{\tau_{if}} = \frac{2\pi}{\hbar} \sum_n |J(i,j;k,l)^2| \delta(\Delta E + E_{f_n} - E_i) \tag{12.28}$$

式中,E_i 和 E_{f_n} 中的 i 及 f_n 为实际俄歇过程中包括的初态和终电子组态,E_i 和 E_{f_n} 是它们的能量,ΔE 为初态和末态之间的能量差。

12.4　量子点中间带太阳电池的理论转换效率

当光生载流子的产生使量子点和势垒层之间的准费米能级存在能量差时,仅由单光子吸收贡献转换效率,图 12.6(a)和(b)分别示出了一个量子点中间带太阳电池的结构形式和简化能带图。在太阳光照射下,由光生载流子所限制的光电流密度为[5]

$$J_{pn} = q[f\phi(E_{gb},\infty,T_S,0) - \phi(E_{gb},\infty,T_a,\mu_b)] + q[f\phi(E_{gw},E_{gb},T_S,0)$$
$$- \phi(E_{gw},E_{gb},T_a,\mu_w)]$$
$$= J_b + J_w \tag{12.29}$$

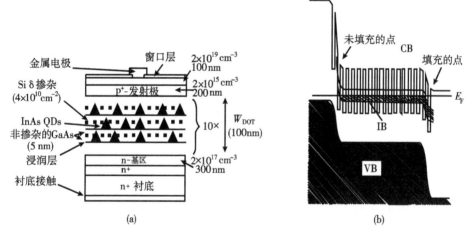

图 12.6　量子点中间带太阳电池的结构形式(a)和简化能带图(b)

式中,f 为太阳光入射的立体角,E_{gb} 和 E_{gw} 分别为势垒层和量子点的禁带宽度,T_S 为太阳电池的表面温度,T_a 为太阳电池周围的环境温度,μ_b 和 μ_w 分别为势垒层和量子点区域的化学势,J_b 和 J_w 分别为由势垒层和量子点所贡献的光电流。考虑到由辐射复合而导致的反向饱和电流 J_{ob} 和 J_{ow},则太阳电池的总电流为

$$J_{tot} = J_{ob}[\exp(qV/kT_a) - 1] - J_b + J_{ow} \times \{\exp[(qV - \Delta\mu)/kT_a] - 1\} - J_w \tag{12.30}$$

式中,$\Delta\mu = (E_{gb} - E_{gw})\xi$,参数 ξ 的取值在 0 和 1 之间。

图 12.7 是在 $T_S = 5963K$ 和 $T_a = 300K$ 条件下,由计算得到的量子点中间带太阳电池的理论转换效率随势垒层禁带宽度 E_{gb} 的变化关系。当没有准费米能级分裂($\xi = 0$)时,该太阳电池的极限效率为 31%,如图 12.7 中的曲线②所示。在这种情形下,量子点中间带太阳电池的转换效率是小于或者等于一个同质 pn 结太阳电池的转换效率(图 12.7 中的曲线①);随着 E_{gb} 准费米能级分裂 ξ 从 0 增加到 0.5,太阳电池的转换效率随之而增加。当 $E_{gb} = 2.0eV$ 和 $\xi = 0.5$ 时,太阳电池具有最高的转换

效率,即 $\eta_{max}=44.5\%$。此时的 $E_{gw}=1.2\,eV$,$\Delta\mu=0.40\,eV$;而随着 E_{gb} 的进一步增加,太阳电池的转换效率将随之而降低。当 $E_{gb}=2.75\,eV$ 时,太阳电池的效率为 40.8%,此时的 $E_{gw}=1.24\,eV$,$\Delta\mu=0.30\,eV$。

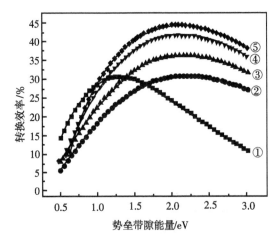

图 12.7　理论转换效率与势垒带隙能量的关系

12.5　量子点中间带太阳电池电流输运的理论分析

12.5.1　等效电路模型

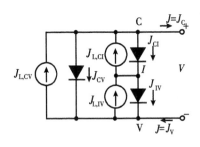

图 12.8　一个理想中间带太阳电池
的简化等效电路

图 12.8 示出了一个理想中间带太阳电池的简化等效电路。在该图中,J_{CV}、$J_{L,CI}$ 和 $J_{L,IV}$ 分别表示太阳电池吸收光子能量后,载流子从价带到导带(VB→CB)、从中间带到导带(IB→CB)和从价带到中间带(VB→IB)所产生的光电流。而 J_{CV}、J_{CI} 和 J_{IV} 分别表示从导带到价带(CB→VB)、从导带到中间带(CB→IB)和从中间带到价带(IB→VB)的静复合电流。中间带太阳电池的 J-V 特性可通过求解连续方程而得到,即[6]

$$J = J_C = J_V \qquad (12.31)$$

$$qV = E_{CV} = E_{CI} + E_{IV} \qquad (12.32)$$

式中,E_{CV}、E_{CI} 和 E_{IV} 分别为导带与价带、导带与中间带和中间带与价带之间的费米能级之差,即

$$E_{CV} = E_{FC} + E_{FV} \qquad (12.33)$$

$$E_{CI} = E_{FC} + E_{FI} \tag{12.34}$$

$$E_{IV} = E_{FI} + E_{FV} \tag{12.35}$$

以上各式中, E_{FC}、E_{FI} 和 E_{FV} 分别为导带、中间带和价带的准费米能级。

12.5.2　太阳电池结构形式

图 12.9(a) 和 (b) 分别示出了一个参考 GaAs 太阳电池和一个 InAs/GaAs 量子点中间带太阳电池的器件结构。对于 GaAs 太阳电池而言, 首先在 GaAs 衬底上生长一个 n^+-GaAs 缓冲层, 然后生长用作背表面场 (BSF) 的 n^+-$Al_{0.2}Ga_{0.8}As$ 层, 接着生长厚度为 $3.1\mu m$ 的 GaAs 基区, 而后是厚度为 900nm 的 p^+-GaAs 发射区, 最后生长厚度为 90nm 的 p^+-$Al_{0.8}Ga_{0.2}As$ 窗口层。而对于 InAs/GaAs 量子点中间带太阳电池来说, 它与前者的主要结构不同点在于, 基区是由 30 层 InAs/GaAs 量子点组成, 而且量子点中具有 $3\times10^{10}\,cm^{-2}$ 的 Si 单原子层掺杂。除此之外, 每个量子点中还有一个厚度为 2nm 的 $In_{0.2}Al_{0.2}Ga_{0.6}As$ 覆盖层。

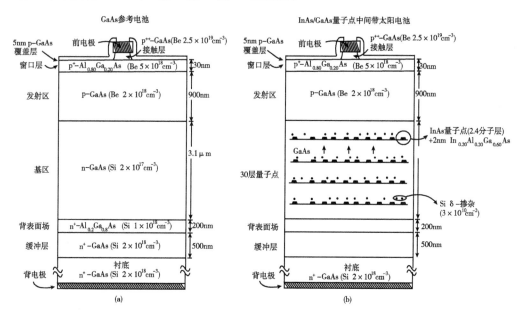

图 12.9　参考 GaAs 太阳电池 (a) 和 InAs/GaAs 量子点中间带太阳电池的器件结构 (b)

12.5.3　电流输运分析

1. 非辐射复合电流

量子点中间带太阳电池的非辐射复合电流由 CB→VB、IB→VB 和 CB→IB 的三部分非辐射复合电流构成。由 CB→VB 的非辐射复合电流可由下式表示[7]

$$J_{\mathrm{CV}} \cong K_{\mathrm{CV}} \exp[(qV - E_{\mathrm{g}})/2kT] \tag{12.36}$$

$$K_{\mathrm{CV}} \cong \frac{q\sqrt{N_{\mathrm{C}}N_{\mathrm{V}}}W}{\tau_{\mathrm{p}} + \tau_{\mathrm{n}}} \tag{12.37}$$

式中,N_{C} 和 N_{V} 分别为导带与价带的有效状态密度,W 为空间电荷层厚度,τ_{n} 和 τ_{p} 分别为电子与空穴的寿命。

　　由 IB→VB 的非辐射复合电流可由下式表示

$$J_{\mathrm{IV}} \cong K_{\mathrm{IV}} \exp[(qV - E_{\mathrm{H}})/kT] \tag{12.38}$$

$$K_{\mathrm{IV}} \cong qN_{\mathrm{V}}\left(\frac{N_{\mathrm{IB}} - N_{\mathrm{D}}}{N_{\mathrm{D}}}\right)\frac{W}{\tau_{\mathrm{p}}} \tag{12.39}$$

式中,N_{IB} 和 N_{D} 为中间带和导带的掺杂浓度。

　　由 CB→IB 的非辐射复合电流密度可由下式表示

$$J_{\mathrm{CI}} \cong K_{\mathrm{CI}} \exp[(qV - E_{\mathrm{g}} + E_{\mathrm{VI}})/kT] \tag{12.40}$$

$$K_{\mathrm{CI}} \cong qN_{\mathrm{C}}\left(\frac{N_{\mathrm{D}}}{N_{\mathrm{IB}} - N_{\mathrm{D}}}\right)\frac{W}{\tau_{\mathrm{n}}} \tag{12.41}$$

2. 辐射复合电流

量子点中间带太阳电池的辐射复合电流可由下式表示

$$
\begin{aligned}
J_{\mathrm{CV}} &= \frac{2\pi(1+n_{\mathrm{r}}^2)q}{h^3 c^2} \int_{E_{\mathrm{g}}}^{\infty} \frac{\alpha E^2\,\mathrm{d}E}{\exp[(E - E_{\mathrm{F}})/kT] - 1} \\
&\cong \frac{2\pi(1+n_{\mathrm{r}}^2)q}{h^3 c^2} \int_{E_{\mathrm{g}}}^{\infty} \alpha E^2 \exp[(E - E_{\mathrm{F}})/kT]\,\mathrm{d}E \\
&\cong \frac{2\pi\alpha(1+n_{\mathrm{r}}^2)q}{h^3 c^2}(kT)^3 \left[2 + \frac{2E_{\mathrm{g}}}{kT} + \left(\frac{E_{\mathrm{g}}}{kT}\right)^2\right] \times \exp\left(\frac{qV - E_{\mathrm{g}}}{kT}\right) \tag{12.42}
\end{aligned}
$$

式中,n_{r} 为半导体的折射率。图 12.10(a)和(b)分别示出了量子点中间带太阳电池在 77K 和 298K 时,采用不同拟合参数由计算得到的 J-V 特性。

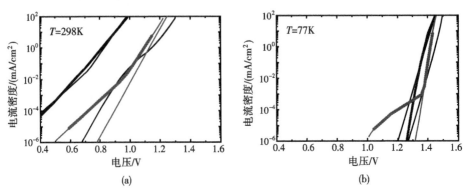

图 12.10　量子点中间带太阳电池在 77K(a)和 300K 时的 J-V 特性(b)

12.6　影响量子点中间带太阳电池光伏性能的因素

12.6.1　量子点层位置

一个典型的量子点中间带太阳电池是以 GaAs 基质材料为 n 型和 p 型发射区，以 InAs 量子点阵列为中间带而构成。有研究指出，处于 i 层中 InAs 量子点阵列的位置直接影响太阳电池的光伏性能。Gu 等[8]采用泊松方程和载流子连续性方程分析了 InAs 量子点层位置对其光伏特性的影响，泊松方程可由下式给出

$$-\frac{\mathrm{d}}{\mathrm{d}x}\left(\varepsilon\frac{\mathrm{d}\psi}{\mathrm{d}x}\right) = q[p - n - fN_I + N_D^+ - N_A^-] \tag{12.43}$$

式中，ε 为中间带材料的介电常数，ψ 为静电势，q 为电子电荷，N_I 为单位体积中间态的数目，f 为中间带中的电子占有因子，N_D^+ 和 N_A^- 分别为施主和受主电离杂质浓度。因此，通过量子点层的电流密度可由下式给出

$$\frac{\mathrm{d}J}{\mathrm{d}x} = q(G_{CV} + G_I - R_{CV} - R_{SRH}) \tag{12.44}$$

式中，G_{CV} 为导带到价带的载流子产生速率，G_I 为电子-空穴对通过中间带能级的产生速率，而 R_{CV} 和 R_{SRH} 分别由以下二式给出

$$R_{CV} = r_{CV}(np - n_i^2) \tag{12.45}$$

$$R_{SRH} = \frac{np - n_i^2}{\tau_n(p + p_I) + \tau_p(n + n_I)} \tag{12.46}$$

式中，r_{CV} 为复合系数，R_{SRH} 为 SRH 复合速率，τ_n 和 τ_p 分别为电子和空穴的寿命。而 n_I 和 p_I 分别由以下二式给出

$$n_I = n_i\exp[(E_t - E_i)/kT] \tag{12.47}$$

$$p_I = n_i\exp[(E_i - E_t)/kT] \tag{12.48}$$

式中，n_i 为本征载流子浓度，E_t 为缺陷态能级位置，E_i 为本征费米能级，k 为玻尔兹曼常量，T 为绝对温度。

中间带态的电子占有因子 f 和通过中间带的载流子产生速率分别由以下二式给出

$$f = \frac{e_h + g_{VI} + r_{CI}n}{e_e + e_h + g_{CI} + g_{VI} + r_{CI}n + r_{VI}p} \tag{12.49}$$

$$G_i = \frac{N_I[e_e g_{VI} + e_h g_{CI} + g_{CL}g_{VI} - r_{CI}r_{VI}(pn - n_i^2)]}{e_e + e_h + g_{CI} + G_{VI} + r_{CI}n + r_{VI}p} \tag{12.50}$$

式中，r_{CI} 和 r_{VI} 分别为导带与中间带和价带与中间带之间的复合系数，g_{CI} 和 g_{VI} 分别为导带与中间带和价带与中间带之间的产生系数，e_e 和 e_h 为发射系数，分别由以下

二式给出

$$e_e = r_{CI} n_i \exp[(E_I - E_i)/kT] \tag{12.51}$$

$$e_h = r_{CI} n_i \exp[(E_i - E_I)/kT] \tag{12.52}$$

式中,E_I 为中间带能级。图 12.11(a)、(b)、(c) 和 (d) 分别示出了当产生率 $g_{CI} = g_{VI} = 1 \times 10^5$ cm^{-1} 时,太阳电池的开路电压、短路电流密度、填充因子和转换效率随量子点阵列位置的变化关系。当掺杂距离为 162nm 时,太阳电池的开路电压为 0.85V,短路电流密度为 30mA/cm^2,填充因子为 0.85 和转换效率为 21.8%。

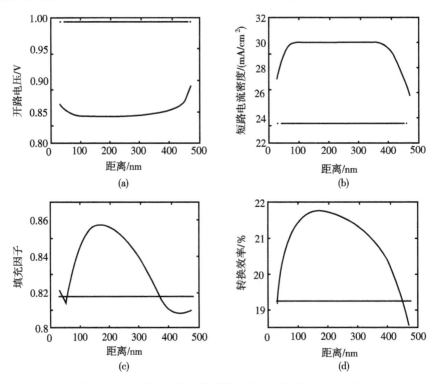

图 12.11　太阳电池的光伏参数随量子点阵列位置的变化

12.6.2　量子点的掺杂

图 12.12(a) 示出了一个无掺杂量子点中的电子-空穴对产生过程。由于热电离发射或光激发分别可以产生基态 (E_0) 和激发态 (E_1) 之间的电子-空穴对产生。其中,E_m 为发生在基质材料 GaAs 中的电子-空穴对产生。图 12.12(b) 示出了由量子点的 n 型掺杂所诱导的一个电子从局域态到导带的逃逸过程,图 12.12(c) 示出了其他途径的诱导激发过程。这些途径有的是辐射激发两个电子到量子点中的激发态,之后一个电子从激发态转移到导带中去,而另一个电子将转移到低能态[7]。

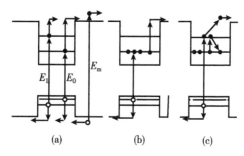

图 12.12　量子点中电子与空穴的产生和逃逸过程

图 12.13(a)示出了一个内掺杂量子点结构的剖面图,图 12.13(b)示出了具有 p 型掺杂、无掺杂、GaAs 参考太阳电池以及分别具有 2 个、3 个和 6 个电子掺杂的量子点太阳电池的 J-V 特性。由图可以看出,对于掺杂浓度为 4.8×10^{10} cm^{-2} 的 p 型掺杂结构,与非掺杂的量子点结构相比,短路电流密度显著退化。而对于具有电子掺杂的量子点太阳电池而言,随着掺杂电子数从 2 个增加到 6 个,其短路电流密度从 17.3mA/cm² 单调增加到 24.3mA/cm²。与此同时,转换效率从 9.73% 增加到 14.0%。这是由于量子点内掺杂,有效拓宽了太阳电池的红外光谱吸收范围,增强了电子在内子带间的跃迁,抑制了载流子复合过程,进而防止了开路电压的退化[8]。

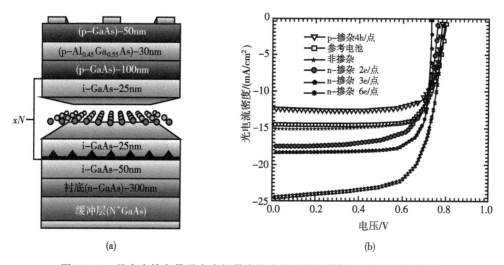

图 12.13　具有内掺杂量子点中间带太阳电池的剖面结构(a)和 J-V 特性(b)

12.6.3　量子点的层数

GaNAs 应变补偿层对 InAs/GaNAs 多层量子点生长的影响指出,当补偿位置一定时积累应变随着补偿层中 N 组分数的增加而减小。而量子点内部积累应变的减少,会影响量子点的电子能级结构和吸收光谱,使得吸收波长向长波方向移动。日本东京大学的 Okada 等[9,10] 比较系统地研究了 GaNAs 应变补偿层对 GaAs p-i-n 量子点中间带太阳电池光伏特性的影响。该小组首先实验研究了具有 20 层 InAs/GaNAs量子点太阳电池的光生电流特性,发现 GaNAs 应变补偿层的设置,进一步改善了量子点的均匀性,减少了缺陷和位错。当量子点密度为 10^{12} cm^{-2} 时,其短路电流密度达到了 21.1mA/cm^2,此值是 InAs/GaAs 量子点太阳电池的 4 倍。其后,他们又进一步研究了 GaNAs 空间层厚度和 N 组分数对短路电流的影响。结果指出,当 GaNAs 层厚度和 N 组分数分别为 40nm 和 0.5%,30nm 和 0.7%,20nm 和 1.0%,15nm 和 1.5% 时,短路电流密度依次增加,其值分别为 23.7,24.5,24.8 和 24.9mA/cm^2,所预期的最高转换效率为 15.7%。最近,这个小组又研究了 Si 的 δ 掺杂对太阳电池光生电流的影响,在 1050nm 光谱波长下 Si 掺杂 InAs/GaNAs 量子点太阳电池的 $J_{sc} = 30.6$mA/cm^2,$V_{oc} = 0.54$V,$FF = 0.66$ 和 $\eta = 10.9\%$。图 12.14 (a)和(b)分别示出了一个具有 20 层 InAs/GaNAs 量子点太阳电池的剖面结构示意图和量子点层的 TEM 照片。

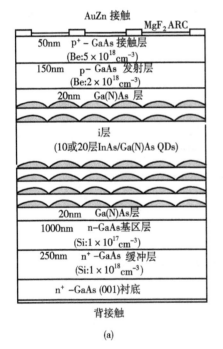

(a)

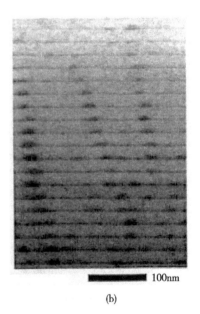

(b)

图 12.14　具有 20 层 InAs/GaNAs 量子点太阳电池的剖面结构(a)和量子点层的 TEM 照片(b)

参 考 文 献

[1] Luque A,Marti A,Lopez N,et al. Operation of the intermediate band solar cell under nonideal spase charge region conditions and half filling of the intermediate band. J. Appl. Phys. ,2006,

99:094503

[2] 熊绍珍，朱美芳. 太阳能电池基础与应用. 北京：科学出版社，2009

[3] 冈田至崇，八木修平，大岛隆治. 利用量子点超晶格开发高效率的太阳电池. 应用物理，2010，79:206

[4] Marti A，Luque A. Next Generation of Photovolatic. Berlin：Springer-Verlag，2012

[5] Wei G，Shiu K T，Giebink N C，et al. Thermodynamic limits of quantum dot solar cell. Appl. Phys. Lett. ，2007，91:223507

[6] Soga T. 纳米结构材料在太阳电阻能转换中的应用(英文影印本). 北京：科学出版社，2007

[7] Luque A，Linares P G，Antolin E, et al. Understanding the operation of quantum dot intermediate band solar cells. J. Appl. Phys. ，2012，111:044502

[8] Gu Y X，Yang X G，Ji H M，et al. Theoretical study of the effects of InAs/GaAs quantum dot layer's position in-i-region on current-voltage characteristic in intermediate band solar cells. Appl. Phys. Lett. ，2012，101:081118

[9] Okada Y，Oshima R，Takata A. Characteristics of InAs/GaNAs strain-compensated quantum dot solar cell. J. Appl. Phys. ，2009，106:024306

[10] Okada Y，Morioka T，Yoshida K，et al. Increase in photocurrent by optical transitions via intermidiate quantum states in direct-doped InGaAs/GaNAs strain-compensated quantum dot solar cell. J. Appl. Phys. ，2011，109:024301

第 13 章　量子点多激子太阳电池

量子点多激子太阳电池是一种利用量子点中的多激子产生效应设计和制作的太阳电池,它是一种合理利用可见波长光或蓝紫光的能量下转换光伏器件。其基本原理是将由高能量光子激发到导带的电子在经热化弛豫回落到导带底之前,使其通过碰撞电离产生多激子,从而对太阳电池的光生电流和光生电压产生贡献。理论研究指出,采用具有显著量子限制效应和分立光谱特性的量子点作为光吸收有源区设计和制作的多激子太阳电池,可以使其能量转换效率得到超乎寻常的提高,其极限值可高达 60% 以上。

本章主要介绍量子点中多激子产生的能量作用过程、多激子产生的微观统计理论、影响多激子产生的各种因素、量子点多激子太阳电池的理论转换效率,以及 PbSe 量子点中多激子产生的量子产额。最后,简要介绍 PbSe 量子点多激子太阳电池的光伏性能。

13.1　多激子产生的能量作用过程与时间分辨光谱测定

13.1.1　能量作用过程

半导体量子点或纳米晶粒是一类典型的零维封闭体系,它所呈现的能级分立特性与禁戒跃迁被解除的性质,使得量子点中的电子通过电子-声子相互作用的弛豫速率会大大减小,而电子-空穴之间的库仑相互作用会进一步得到增强。当量子点吸收一个能量大于 $2E_g$ 的光子时,所产生的高能量激子通过能量转移弛豫到带边,并导致一个被吸收的光子产生两个或两个以上的激子,由此使太阳光谱中高端光子的能量得到充分利用[1]。

图 13.1 示出了在光照条件下发生在量子点中的电子-空穴对产生、电子-声子相互作用和多激子产生的能量过程:①声子瓶颈过程,这是由于量子化能级之间的能量间隔 ΔE 大于声子能量 E_{ph},由此电子-声子相互作用的能量弛豫过程得到抑制,如图 13.1(a)所示。②由电子-声子相互作用导致的能量弛豫过程,如图 13.1(b)所示。③由载流子的碰撞电离而导致的多激子产生过程。为了能使这一过程发生,其前提条件是必须有效抑制与多激子产生过程相竞争的能量弛豫过程,如图 13.1(c)所示。④除此之外,还存在着俄歇复合过程,它是支配载流子衰减的动力学过程,如图 13.1(d)所示。在目前的多激子产生测量实验中,通常是利用时间分辨光谱测定这一俄

歇复合过程,并由此推测多激子产生效应的[2]。

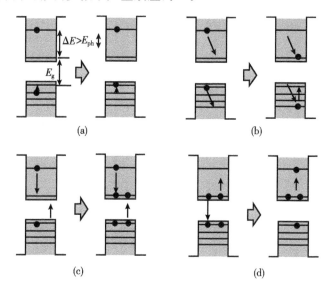

图 13.1　量子点中光激发载流子的动力学过程

13.1.2　时间分辨光谱测定

在光照条件下,由光吸收在量子点中导致多激子产生的物理信息,在实验上可以通过对光激发载流子数随时间的变化而观测,它就是所谓的时间分辨光谱测试。如果在量子点中仅有一个电子-空穴对产生,那么载流子密度随时间的衰减时间,即辐射寿命一般为纳秒量级,而在皮秒量级范围载流子密度的变化是很小的,如图 13.2 中的曲线①所示。另外,如果在量子点中有多个电子-空穴对产生,由于俄歇复合将使载流子密度急剧减小,此时时间衰

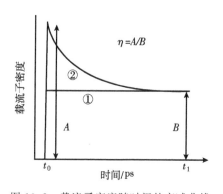

图 13.2　载流子密度随时间的衰减曲线

减则为皮秒量级,如图 13.2 中的曲线②所示。换句话说,之所以能观测到载流子的俄歇复合现象,说明量子点中有两个或两个以上电子-空穴对产生。这样,利用快衰减信号强度 A 与只有一个电子-空穴对产生的信号强度 B 之比(即 $\eta = A/B$),便可以方便确定量子点中的多激子产生的相关信息。

13.2　多激子产生的微观统计理论

在量子点中,多激子产生的几率可由下式表示[3]

$$S(n) = \frac{(f_e f_h)^{\frac{3(n-1)}{4}} m_0^{\frac{3(n-1)}{2}} \Omega^{n-1}}{n^{\frac{3}{2}} 2^{3(n-1)/2} \pi^{3(n-1)/2} h^{3(n-1)}} \times \frac{\left[h\nu - \frac{n}{2} E_g(d_0) \right]^{\frac{3n}{2}-1}}{\left[\frac{3(n-1)}{2} - 1 \right]!} \tag{13.1}$$

式中, f_e 和 f_h 分别可由下式表示

$$f_e = \frac{m_e^*}{m_0}, \ f_h = \frac{m_h^*}{m_0} \tag{13.2}$$

式中, m_e^* 和 m_h^* 分别为电子和空穴的有效质量, m_0 为电子的静止质量。

式(13.1)中的 n 为电子与空穴的数量, $S(n)$ 为在 Ω 体积中电子与空穴产生的统计权重。其中, Ω 可由下式给出

$$\Omega = \frac{4\pi}{3} d_0^3 \tag{13.3}$$

式中, d_0 为量子点的半径。而式(13.1)中的 $E_g(d_0)$ 可由下式表示

$$E_g(d_0) = E_g(\infty) + \frac{\hbar^2 \pi^2}{2\mu d_0^2} - \frac{1.786 q^2}{\varepsilon d_0} + 0.284 \frac{\mu q^4}{2\varepsilon^2 \varepsilon_0^2 \hbar^2} \tag{13.4}$$

式中, ε_0 为真空介电常数, ε 为材料的介电常数, q 为电子电荷, $E_g(\infty)$ 为体材料的禁带宽度。 μ 为电子-空穴对的有效质量, 它可由下式给出

$$\frac{1}{\mu} = \frac{1}{m_e^*} + \frac{1}{m_h^*} \tag{13.5}$$

于是, 量子点中多激子产生的平均倍率为

$$\bar{n} = 2\langle N_{exc} \rangle = \frac{\sum_n n S(n)}{\sum_n S(n)} \tag{13.6}$$

13.3　影响多激子产生的各种物理因素

13.3.1　能量阈值

量子点中多激子产生的能量阈值可由下式表示

$$h\nu^* = \left(2 + \frac{m_e^*}{m_h^*} \right) E_g \tag{13.7}$$

式中, m_e^* 和 m_h^* 分别为电子与空穴的有效质量, 且有

$$\frac{m_e^*}{m_h^*} \approx \frac{1 + \frac{2\hbar^2/m_0 a^2}{\Delta E_e^0 + A/d_0^2}}{1 + \frac{2\hbar^2/m_0 a^2}{\Delta E_h^0 + A/d_0^2}} \tag{13.8}$$

式中, ΔE 是由光子吸收引起的垂直跃迁电子谱的能隙。如果 $\Delta E_e^0 = \Delta E_h^0$, 则 $h\nu^*$ 仅仅通过禁带宽度 E_g 依赖于量子点半径 d_0。对于间接跃迁半导体, 由于 $\Delta E_e^0 \neq \Delta E_h^0$,

因此 $h\nu^*$ 不仅与量子点半径有关,而且还与电子和空穴的有效质量相关。下面,分别就以这两个问题进行讨论。

13.3.2　载流子有效质量

多激子产生是量子点激子太阳电池获得高转换效率的物理起因。引发多激子产生的能量阈值不仅与量子点的禁带宽度紧密相关,而且受电子和空穴有效质量的影响。图 13.3 是发生在量子点中的载流子激发过程,其中 E_e 为电子相对于量子点导带第一量子化能级的距离,E_g 为量子点的禁带宽度。如果 $E_e > E_g$,则可以发生载流子的倍增效应。E_e 可由下式给出[4]

$$E_e = \frac{(h\nu - E_g)m_h^*}{m_e^* + m_h^*} \tag{13.9}$$

类似地,如果设 E_h 为空穴相对于量子点价带中第一量子化能级的距离,则有

$$E_h = \frac{(h\nu - E_g)m_e^*}{m_e^* + m_h^*} \tag{13.10}$$

假定利用 E_h 产生第一个附加空穴的阈值能量为 $h\nu_{th-h}(1)$,并令 $E_h = E_g$,则有

$$h\nu_{th-h}(1) = \left(2 + \frac{m_h^*}{m_e^*}\right)E_g \tag{13.11}$$

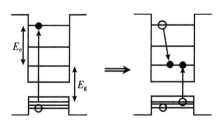

图 13.3　量子点中的多激子产生过程

图 13.4(a)和(b)分别示出了 m_e^*/m_h^* 的比值对多激子产生的量子产额和太阳电池转换效率的影响。由图 13.4(a)可以看出,当 $m_e^*/m_h^* = 0$ 时,由载流子倍增产生一个附加电子的能量阈值为 $h\nu/E_g = 2$。当 $h\nu/E_g = 3$ 时,其量子产额为 300%;当 $m_e^*/m_h^* = 0.2$ 时,产生第一个附加电子的能量阈值为 $h\nu/E_g = 2.2$,产生第二个附加电子的能量阈值为 $h\nu/E_g = 3.4$;当 $m_e^*/m_h^* = 1$ 时,即电子和空穴具有大体相等的有效质量,且 $h\nu/E_g = 3$ 时,量子产额从 100% 增加到 300%,此时电子和空穴对多激子产生具有同等的贡献。对于没有多激子产生的量子点,其量子产额则小于 100%。由图 13.4(b)可以看出,太阳电池在 $E_g < 1.5\text{eV}$ 的能量范围,转换效率有了明显的改善,其峰值转换效率发生在 $E_g = 0.7 \sim 1.0\text{eV}$ 范围内,对于没有多激子产生效应的量子点而言,最佳禁带宽度为 1.4eV。换言之,当 $E_g = 1.4\text{eV}$ 时可以获得高于 30% 的理论转换效率。随着 m_e^*/m_h^* 的减小,转换效率依次增加。当 $m_e^*/m_h^* = 1, 0.2$ 和 0 时,其转换效率大约分别为 32%,40% 和 45%。

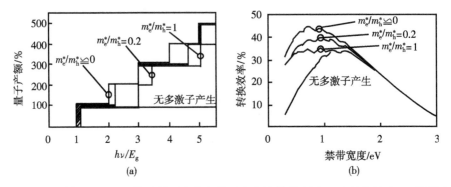

图 13.4　不同 m_e^*/m_h^* 比值对量子点中多激子产生的量子产额(a)和转换效率(b)的影响

13.3.3　量子点尺寸

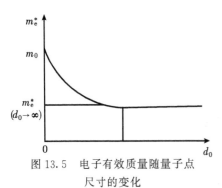

图 13.5　电子有效质量随量子点
尺寸的变化

量子点中的多激子产生,除了与量子点的禁带宽度和载流子有效质量有关之外,还与量子点的直径密切相关。事实上,量子点的禁带宽度和载流子有效质量也直接相关,电子的有效质量可由下式给出

$$\frac{m_0}{m_e^*} \approx 1 + 2\frac{\hbar^2/m_0 a^2}{E_g^0 + \frac{\hbar^2 \chi^2}{2m_0 d_0^2}} \qquad (13.12)$$

式中,a 为量子点内原子之间的距离,d_0 为优化的量子点半径,为球形贝塞尔函数的零点。由式(13.12)可知,电子的有效质量是随量子点半径的减小而增加的,如图 13.5 所示,由等式(13.12)可以给出两个尺寸极限,即当 $m_e^* = m_0$ 时,$d_0 \to 0$;$m = m_e^*$ 或 m_h^* 时,$d_0 \to \infty$。

按照 E_g、Ω 和 m_e^* 与 d_0 的依赖关系

$$E_g = E_g^0 + \frac{\hbar^2 \ ^2}{2m_0 a^2}\left(\frac{a^2}{d_0^2}\right) \qquad (13.13)$$

$$\Omega = \frac{4\pi}{3}a^3\left(\frac{d_0^3}{a^3}\right) \qquad (13.14)$$

$$m_e^* \approx \frac{m_0}{5}\left[1 + \frac{4}{5}\ ^2\left(\frac{a^2}{d_0^2}\right)\right] \qquad (13.15)$$

可以得到

$$\ln S(n) = 常数 + \frac{3n}{2}\ln\left(1 + \frac{4}{5}\ ^2\frac{a^2}{d_0^2}\right) + 3n\ln d_0 + \left(\frac{3n}{2} - 1\right) \times \ln\left(1 - \frac{n}{2}\frac{E_g^0 + \frac{\hbar^2 \ ^2}{2m_0 d_0^2}}{h\nu}\right)$$

$$(13.16)$$

当 $\dfrac{\mathrm{dln}S(n)}{\mathrm{d}d_0}=0$ 时,则有优化的量子点尺寸为

$$d_0 = a\chi \left[1 - \frac{5}{24}\left(\frac{3}{2}n - 1 \right)n\frac{1}{h\nu}\frac{h^2}{2m_0 a^2} \right]^{\frac{1}{2}} \qquad (13.17)$$

13.4　量子点多激子太阳电池的理论转换效率

13.4.1　量子产额

对于一个多激子产生量子点(MEG-QD)而言,量子产额可由下式给出[5]

$$QY(h\nu) = \sum_{m=1}^{M}\theta(h\nu, mE_g) \qquad (13.18)$$

式中,$\theta(h\nu, mE_g)$ 为单阶跃函数。当 $M=1$ 时,表示由一个光子仅能够产生一个电子-空穴对。当 $M=M_{max}=E_{max}/E_g$ 时,则给出了最大的倍增效应和 MEG-QD 太阳电池的最高转换效率。

当太阳光照射能量 $h\nu$ 超过多激子产生的能量阈值 E_{th} 之后,由载流子倍增效应所导致的量子产额呈线性增加趋势,因而有下式

$$QY(h\nu) = \theta(h\nu, E_g) + A\theta(h\nu, E_{th})\left(\frac{h\nu - E_{th}}{E_g} \right) \qquad (13.19)$$

由上式可知,在 E_g 和 E_{th} 之间的 $QY(h\nu)=1$。当光子能量大于 E_{th} 后,$QY(h\nu)$ 的值随斜率 A 的增大而呈线性增加。例如,对于 PbSe-QD 而言,当光子能量 $h\nu=7.8E_g$ 时,其量子产额 $QY(h\nu)=7$。图 13.6(a)示出了 $M=1,M=2$ 和 $M=M_{max}$ 时,由计算得到的 MEG-QD 太阳电池的量子产额。太阳电池的转换效率可由下式计算

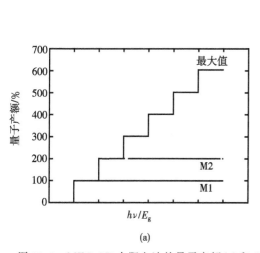

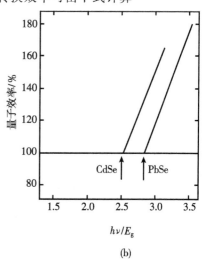

(a)　　　　　　　　　　　　　　(b)

图 13.6　MEG-QD 太阳电池的量子产额(a)和 CdSe 与 PbSe 量子点太阳电池的量子效率(b)

$$\eta(V) = J(V)V/p_{in} \tag{13.20}$$

式中，p_{in}为入射光功率。图 13.6(b)是对于 CdSe 和 PbSe 两种 MEG-QD 太阳电池，由计算得到的量子效率与 $h\nu/E_g$ 的依赖关系。

13.4.2　转换效率

图 13.7 中的 M1 曲线给出了 300K 和 AM1.5 光照下单带隙太阳电池在无载流子倍增效应时，转换效率与禁带宽度的关系，其最高效率对应于 $E_g = 1.3$eV 的 S-Q 极限效率(33.7%)。而当有载流子倍增效应时，太阳电池的转换效率迅速增加。例如，当 $M = 2$ 时，其转换效率为 41.9%，如图 13.7 中的曲线 M2 所示。而当 $M_{max} = 6$ 时，其转换效率高达 44.4%，相应的禁带宽度 $E_g = 0.75$eV。曲线 L2 是当 $E_{th} = 2E_g$ 和 $A = 1$ 时的转换效率，当 $E_g = 0.94$eV 时其最高效率可达 37.2%。曲线 L3 是当 $E_{th} = 3E_g$ 和 $A = 1$ 时的转换效率，当 $E_g = 1.34$eV 时其最高效率可达 33.7%[6]。

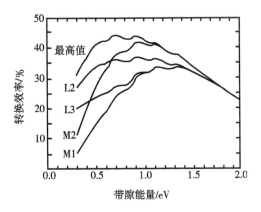

图 13.7　量子点多激子太阳电池的转换效率

13.5　PbSe 量子点中的多激子产生

13.5.1　PbSe 量子点中的碰撞电离

PbSe 量子点中的多激子产生基于其中载流子的碰撞电离过程。图 13.8(a)～(g)示出了发生在 PbSe 量子点中的载流子弛豫模型。当 PbSe 量子点吸收一个 $h\nu >$ $2E_g$ 能量的光子后，可以产生一个高能量的电子-空穴对(a)；通过碰撞电离，该电子-空穴对可以产生两个电子-空穴对(b)和(c)，然后这两个电子和空穴将通过声子辅助形成一个基态双激子(d)；该双激子通过俄歇复合延迟成为一个受激状态的单激子(e)和(f)；最终该激子通过电子和空穴的变冷而被热化(g)[7]。

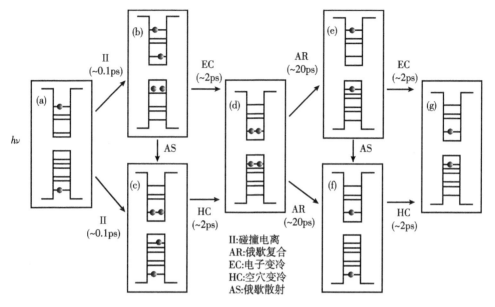

图 13.8　PbSe 量子点中的载流子弛豫模型

　　值得注意的是,不同尺寸的量子点具有不同的碰撞电离能量阈值,这是因为量子点的尺寸不同,使其禁带宽度而不同。量子点的尺寸越小,其禁带宽度越大,这便是人们熟知的量子点的带隙宽化现象。例如,对于 PbSe 量子点而言,当其尺寸分别为 5.7nm、4.7nm 和 3.9nm 时,其禁带宽度分别为 0.72eV、0.82eV 和 0.91eV。下面,将着重讨论发生在 PbSe 量子点中的多激子产生及其量子产额。

13.5.2　载流子倍增的量子产额

　　图 13.9(a)是 Schaller 等[8]于 2004 年由实验研究得出的 PbSe 量子点中的量子产额与光子能量 E_g 的依赖关系。可以看出,对于这两种量子点而言,多激子产生的能量阈值为 $3E_g$。而当利用 $h\nu = 7.8E_g$ 的光子能量照射 PbSe 纳米量子点时,其量子产额值可高达 700% 以上,这是在各种量子点结构中所能观测到的最高量子产额。与此同时,Ellingson 等[9]对胶体 PbSe 量子点中多激子产生进行了实验研究。结果指出,当入射单光子能量为量子点禁带宽度的 4 倍时,一个光子将会产生 3 个激子,相当于获得了 300% 的量子产额。应该注意到,由于量子点的直径不同,其禁带宽度也不一样,所以在同样光照条件下的多激子产生效应也不尽相同。例如,当 PbSe 量子点的直径分别为 3.9nm、4.7nm 和 5.4nm 时,其禁带宽度分别为 0.91eV、0.82eV 和 0.72eV。当 $h\nu/E_g = 3$ 时,PbSe 量子点开始呈现出多激子产生效应;当 $h\nu/E_g = 4$ 时,将出现明显的多激子产生效应,量子产额将急速增加,其值可高达 300% 以上,如图 13.9(b)所示。

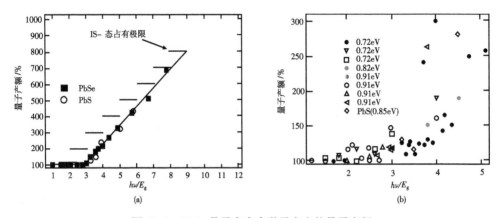

图 13.9　PbSe 量子点中多激子产生的量子产额

　　研究耦合 PbSe 量子点中的多激子产生效应具有重要意义,图 13.10(a)示出了该量子点的量子产额。由图可以看到,对于一个禁带宽度为 0.84eV 的 PbSe 量子点,当 $h\nu/E_g=4.5$ 时,其量子产额为 225%。图 13.10(b)示出了归一化的量子产额与 $h\nu/E_g$ 的依赖关系。可以看出,当 PbSe 量子点的禁带宽度为 0.704eV 时,多激子产生的能量阈值为 $h\nu/E_g=2.8$。当 $h\nu/E_g=4.4$ 时,可获得 210% 的最高量子产额。

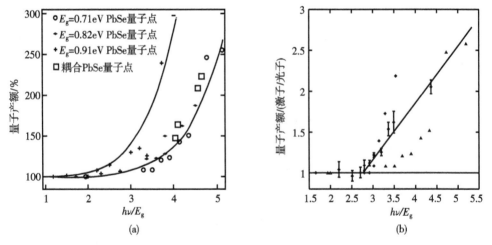

图 13.10　耦合 PbSe 量子点中多激子产生的量子产额

13.6　Si 量子点中的多激子产生

13.6.1　多激子产生的量子产额

　　图 13.11(a)示出了由理论计算得到的 Si 量子点中多激子产生的量子产额与入射光子能量的依赖关系。由图可以看出,对于一个给定的 Si 量子点尺寸,当入射光

子能量较低时,量子产额保持一常数值。随着光子能量的增加,当 $h\nu/E_g = 2.2$ 时,量子产额开始出现台阶式的增加。当 $h\nu/E_g = 3.1$ 时,其量子产额为 200%。而当 $h\nu/E_g = 4.5$ 时,其量子产额可高达 280%。Si 量子点中多激子产生量子产额的这种类台阶式增加现象,是由于碰撞电离产生的电子-空穴对数必须为整数,即 $m = 1, 2, 3, \cdots$。而 Si 量子点的禁带宽度与量子点尺寸直接相关,二者的依赖关系可由下式给出[10]

$$E_g = 1.15 + \frac{3.98}{d^{1.36}} - \frac{0.19}{d} \tag{13.21}$$

式中,d 为 Si 量子点的直径,图 13.11(b)示出了 Si 量子点的禁带宽度随其直径的变化。可以看出,当 Si 量子点直径小于 3nm 以后,其禁带宽度急剧增加,这是纳米量子点所呈现出的典型带隙宽化现象。

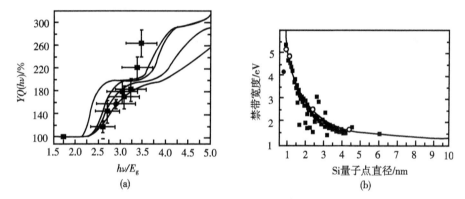

图 13.11　Si 量子点中的量子产额(a)和禁带宽度随量子点直径的变化(b)

更进一步,Si 量子点中的多激子产生效应可以采用费米统计理论进行描述。其多激子产生的统计权重可由下式给出

$$\omega(2m) = \frac{2\,(m_e^* m_h^*)^{3m/2}\Omega^{2m}}{(2\pi)^{3m}h^{6m}}\,\frac{(h\nu - mE_g)^{3m-1}}{(3m-1)!} \tag{13.22}$$

式中,m 为光产生的电子-空穴对数目,m_e^* 和 m_h^* 分别为电子与空穴的有效质量。Ω 为能量弛豫体积,即产生一个电子-空穴对的能量区域。

统计平均的电子-空穴对数目可由下式给出

$$\langle N_{exc} \rangle = \frac{\displaystyle\sum_{m=1}^{M} m\omega(2m)}{\displaystyle\sum_{m=1}^{M} \omega(2m)} \tag{13.23}$$

式中,M 为碰撞电离所产生的最大电子-空穴对数。于是,多激子产生的量子产额为

$$YQ(h\nu) = \langle N_{exc} \rangle \times 100\% \tag{13.24}$$

应当注意到,在该统计模型中光学跃迁选择定则已不再适用,这是由于在低维量子结

构中晶体动量已不再遵从动量守恒所导致。

13.6.2　多激子产生太阳电池的转换效率

图 13.12(a)给出了一个 Si 量子点多激子太阳电池的理论转换效率,所有的计算都是利用细致平衡模型在 AM1.5G 光照条件 300K 温度下进行的。可以看出,随着 Si 量子点尺寸从 1nm 增加到 4nm,其转换效率急剧增加到 30% 以上。很显然,在这一量子点尺寸范围内,由于量子点的量子尺寸效应和强碰撞电离作用,Si 量子点具有强烈的多激子产生效应。图 13.12(b)示出了不同波长光谱(150～400nm)照射下 Si 量子点太阳电池的内量子效率随量子点直径的变化。可以看出,随着辐照波长的减小,即随着光子能量的增加,其内量子效率急剧增强。尤其是当采用 150nm 波长光照射时,其内量子效率高达 490%。

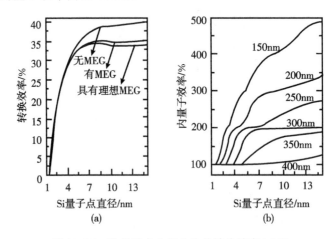

图 13.12　Si 量子点太阳电池的转换效率(a)和
内量子效率(b)随量子点直径的变化

13.7　PbSe 量子点多激子太阳电池的光伏特性

图 13.13(a)示出了一个 PbSe 量子点光伏器件的 SEM 照片。衬底材料为玻璃,首先是在其上沉积 ITO 导电层,接着沉积厚度为 40～60nm 的 ZnO 层,而后采用逐层生长方法制备厚度为 50～250nm 的 PbSe 量子点层,最后热蒸发 Au 电极。PbSe 量子点的直径分别为 3.0nm、4.3nm 和 5.6nm。与以上三种 PbSe 量子点直径相对应,其量子点的禁带宽度分别为 0.98eV、0.83eV 和 0.72eV。图 13.13(b)示出了禁带宽度分别为 0.98eV 和 0.72eV 两种 PbSe 量子点光伏器件的转换效率。对于禁带宽度为 0.98eV 的 PbSe 量子点光器件而言,最好的转换效率为 4.5%[11]。

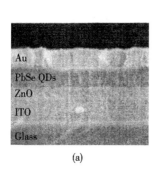
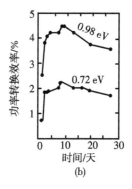

图 13.13　PbSe 量子点光伏器件的 SEM 照片(a)和转换效率(b)

图 13.14(a)和(b)分别示出了禁带宽度为 0.72eV 的 PbSe 量子点光伏器件的外量子效率(EQE)和内量子效率(IQE),其入射光子能量为 $h\nu=3E_g$。由图可以看出,当量子点直径为 5.6nm 时,其最高外量子效率为(114±1)%,而内量子效率高达 130%。Ma 等[12]采用直径为 1~3nm 的 PbSe 量子点制作了 ITO/PEDOT/nc-PbSe/Al 结构太阳电池,其典型的转换效率为 3.5%,而最高的转换效率可高达 4.57%。

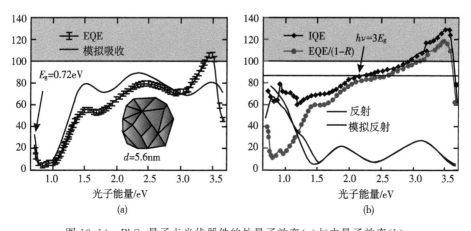

图 13.14　PbSe 量子点光伏器件的外量子效率(a)与内量子效率(b)

参 考 文 献

[1] 彭英才,傅广生.量子点太阳电池的探索.材料研究学报,2009,23:449

[2] 太野恒健.多激子产生的最近进展.应用物理,2010,79:417

[3] Oksengendlev B L, turaeva N N, Rashidova S S. Advanced theory of multiple exciton generation effect in quantum dots. Eur. Phys. J. B. ,2012,85:218

[4] Takeda Y, Motohiro T. Requisites to realize high conversion efficiency of solar cells utilizing carrier multiplication. Sol. Energy Mater. Sol. Cells. ,2010,94:1399

[5] 彭英才. 傅广生. 新概念太阳电池. 北京：科学出版社，2014

[6] Schaller R D, Sykora M, Pietryga J M, et al. Seven excitons at a cost of one: Redefining the limits for conversion efficiency of photons into charge carriers. Nano. Lett. , 2006, 6:424

[7] Fraceschetti A, An J M, Zunger A. Impect ionization can explain carrier multiplication in PbSe quantum dots. Nano. Lett. , 2006, 6:2191

[8] R. Schaller, Klimov V I. High efficiency carrier multiplication in PbSe nanocrystals: Implications for solar energy conversion. Phys. Rev. Lett. , 2004, 92:186601

[9] Ellingson R J, Beard M C, Johnson J C, et al. High efficient multiple exciton generation in colloidal PbSe and PbS quantum dots. Nano. Lett. , 2005, 5:865

[10] Su W A, Shen W Z. A statistical exploration of multiple exciton generation in silicon quantum dots and optoelectronic application. Appl. Phys. Lett. , 2012, 100:071111

[11] Semonin O E, Luther J M, Choi S. Peak external photocurrent quantum efficiency exceeding 100% via MEG in a quantum dot solar cell. Nature, 2011, 334:1530

[12] Ma W, Swisher S L, Fwers T, et al. Photovoltaic performance of ultrasmall PbSe quantum dots. ACS Nano. , 2011, 5:8140

第 14 章 其他类型的太阳电池

在以上的各章节中,分别介绍与讨论了各类太阳电池的器件结构、工作原理与光伏性能等。其中包括属于第一代太阳电池的晶体 Si 单带隙 pn 结太阳电池,属于第二代的薄膜太阳电池(如 α-Si∶H 薄膜太阳电池、Cu(In,Ga)Se₂ 薄膜太阳电池、CdTe 薄膜太阳电池,染料敏化太阳电池和聚合物太阳电池),属于第三代的新概念太阳电池(如多结叠层太阳电池、量子阱太阳电池、量子点中间带太阳电池和量子点多激子太阳电池)。

除此之外,还有一些太阳电池也在现代光伏技术中发挥着重要作用,如肖特基势垒太阳电池、聚光太阳电池、热光伏太阳电池以及热载流子太阳电池等,本章将扼要介绍以上四种太阳电池的工作原理与光伏特性。

14.1 肖特基势垒太阳电池

14.1.1 器件结构与工作原理

利用由金属和半导体接触产生的肖特基势垒(M-S 势垒),不仅可以制作性能良好的雪崩光电二极管和肖特基势垒栅场效应晶体管,而且也可以使其用于太阳电池的制作,图 14.1(a)是一个由金属和半导体接触形成的能带示意图。典型的工艺是在半导体表面上蒸镀一层半透明金属(5~10nm),然后沉积一层厚的金属栅作为顶部接触。为了减少金属-空气界面的反射,一般要在大多数光伏器件表面增加一个抗反射层。

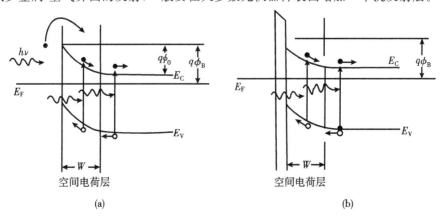

图 14.1 金属和半导体接触的能带图(a)和 MIS 太阳电池的能带结构(b)

　　肖特基势垒太阳电池的基本工作原理如下:当入射的光子能量大于肖特基势垒高度 $q\phi_B$,但小于半导体禁带宽度 E_g,也就是当 $E_g > h\nu > q\phi_B$ 时,金属中的电子将被激发并越过势垒,进而形成光电流。但是,由于跨越 M-S 势垒要求动量守恒,因此这种结构的光子收集效率不是很高。倘若光子能量大于 E_g,会同时在半导体的耗尽区和体内产生电子-空穴对,其结果是空穴向金属一侧转移,而电子向半导体一侧转移,由此产生光电流。由于在半导体内吸收大多数光子,因此光产生电流将主要由从半导体流向金属的空穴电流构成,这工作模式与 pn 结电池中的情况相类似[1]。

　　一般而言,与 pn 结太阳电池相比,肖特基势垒太阳电池的开路电压较低,故转换效率也相对较低。但是,如果在金属和半导体之间插入一个薄绝缘层,则热离子电流可以减小,因而使开路电压得以增加,图 14.1(b)示出了这种金属-绝缘体-半导体(MIS)太阳电池的能带结构。在这种被称为 MIS 的光伏器件中,电流传导是由载流子隧道穿透绝缘薄层势垒引起的。采用这种结构的 Au-Si 太阳电池的效率可达到 12%,Au-GaAs 太阳电池的效率可达 15%。

14.1.2　光伏优势与 J-V 特性

　　与 pn 结太阳电池相比,肖特基势垒太阳电池具有如下几个优点:①制作该电池所采用的工艺温度较低,一般不需要高温扩散或退火工艺。②与体单晶或薄膜太阳电池的制作工艺具有很好的兼容性。③具有较大的功率输出和良好的光谱响应特性。肖特基势垒太阳电池的光生电流主要来自于肖特基结的耗尽区和半导体一侧中性区的光生载流子。耗尽区的光电流可由下式表示[2]

$$J_{dr} = qT(\lambda)\phi(\lambda)[1 - \exp(-\alpha W_D)] \tag{14.1}$$

式中,$T(\lambda)$ 为金属的透射系数,W_D 为耗尽层宽度。半导体一侧的光电流可由下式给出

$$J_n = qT(\lambda)\phi(\lambda)\frac{\alpha L_n}{\alpha L_n + 1}\exp(-\alpha W_D) \tag{14.2}$$

因此,肖特基势垒太阳电池总的光电流由式(14.1)和式(14.2)之和表示。

　　在光照条件下,肖特基势垒太阳电池的 I-V 特性可由下式表示

$$I = I_s\left[\exp\left(\frac{qV}{nkT}\right) - 1\right] - I_L \tag{14.3}$$

式中,I_s 由下式给出

$$I_s = AA^{**}T^2\exp\left(\frac{-q\phi_B}{kT}\right) \tag{14.4}$$

式中,A 为理想因子,A^{**} 为有效理查森常数,$q\phi_B$ 为势垒高度。

14.2　聚光太阳电池

14.2.1　聚光系数

聚光太阳电池是在一个较大面积上收集入射光,再聚焦到一个较小面积的太阳电池上进行太阳能光伏转换。表征聚光太阳电池特性的聚光系数 X 是光子通量 $b(E)$ 增加的倍数,即[3]

$$X = \frac{b(E)}{b_s(E)} \tag{14.5}$$

式中,$b_s(E)$ 为地面垂直方向上接收太阳辐射的光子通量,$b(E)$ 为聚光条件下单位时间和单位面积上接收到的光子通量。

研究聚光太阳电池的目的是进一步降低太阳能光伏发电的成本。与晶体 Si 太阳电池相比,聚光太阳电池的单位面积成本要低,而其转换效率更高。如果聚光器件为球面聚光器,则聚光系数为

$$X = \frac{\int_0^{2\pi}\int_0^{\theta_x}\cos\theta\mathrm{d}\Omega}{\int_0^{2\pi}\int_0^{\theta_s}\cos\theta\mathrm{d}\Omega} = \frac{\int_0^{2\pi}\mathrm{d}\phi\int_0^{\theta_x}\sin\theta\cos\theta\mathrm{d}\Omega}{\int_0^{2\pi}\mathrm{d}\phi\int_0^{\theta_s}\sin\theta\cos\theta\mathrm{d}\Omega} \tag{14.6}$$

式中,太阳半角 $\theta_s = 0.265°$,θ_x 为聚光半角。

当聚光半角取最大值,即 $\theta_x = 90°$ 时,可以达到完全聚光,由此聚光倍数为

$$X = \frac{1}{\sin^2\theta_s} = \frac{1}{\sin^2(0.265°)} = 46570 \tag{14.7}$$

如果聚光器件不是球面聚光器,而是柱面聚光器,则有

$$X = \frac{1}{\sin\theta_s} = \frac{1}{\sin(0.265°)} = 216 \tag{14.8}$$

可以认为,经过聚焦的光线在聚光半角 θ_x 内是均匀的。通过折射,入射到太阳电池表面的光线几乎是垂直的,则太阳光子通量为

$$b(E,x) = [1 - R(E)]Xb_s(E)\exp\left[-\int_0^x a(e,x')\mathrm{d}x'\right] \tag{14.9}$$

而光产生率 $g(E,x)$ 增大的倍数也相当于聚光系数 X,即有

$$g(E,x) = [1 - R(E)]a(E,x)Xb_s(E)\exp\left[-\int_0^x a(E,x')\mathrm{d}x'\right] \tag{14.10}$$

太阳几何因子 F_s 需要修正为聚光几何因子,于是有

$$F_x = \pi\sin^2\theta_x = \pi X\sin^2\theta_s \tag{14.11}$$

14.2.2　转换效率

在聚光条件下,太阳电池的短路电流密度为

$$J_{sc}(Xb_s) \approx XJ_{sc}(b_s) \tag{14.12}$$

由于暗电流 J_{dark} 不依赖于太阳光子通量 b_s，所以不受聚光系数的影响。这意味着，当电压小于开路电压时，电流 $J(X)$ 随聚光系数 X 递增。当 $J=0$ 时，可得到聚光太阳电池的开路电压，即

$$V_{oc}(X) = \frac{mkT}{q}\ln\left(\frac{XJ_{sc}}{J_0} + 1\right) \approx V_{oc}(1) + \frac{mkT}{q}\ln X \tag{14.13}$$

式中，$V_{oc}(1)$ 为聚光系数 $X=1$ 时的开路电压。

短路电流密度 J_{sc} 随聚光系数 X 线性递增，而开路电压 V_{oc} 随聚光系数 X 按指数函数的方式递增，如图 14.2 所示。如果填充因子 FF 不变，则最大功率 $P_m(X)$ 随 X 增加的倍数为

$$\frac{P_m(X)}{P_m(1)} = X\left(1 + \frac{mkT}{qV_{oc}(1)}\ln X\right) \tag{14.14}$$

式中，$P_m(1)$ 是聚光系数 $X=1$ 时的最大功率。由此得到太阳电池的转换效率为

$$\frac{\eta(X)}{\eta(1)} = 1 + \frac{mkT}{qV_{oc}(1)}\ln X \tag{14.15}$$

式中，$\eta(1)$ 是聚光系数为 $X=1$ 的转换效率。

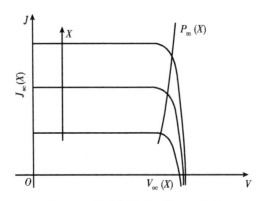

图 14.2　聚光太阳电池的 J-V 特性

14.3　热光伏太阳电池

14.3.1　工作原理

热光伏太阳电池的主要工作原理可表述为：它不使太阳光直接照射到电池上，而是首先辐射到一个光吸收体，该吸收体受热后再按一定的波长发射到电池，由此实现光电转换。由于光吸收体同时被加热和发射光子，因此它又被称为热吸收/光发射体。具体而言，在热光伏太阳电池中，太阳光与光伏器件之间的能量转换过程是直接通过一个热吸收/光发射体进行传递的。图 14.3 示出了热光伏太阳电池的工作原

理,图中的 E、N 和 Q 分别表示能量流、粒子流和热流。由于热吸收/光发射体的温度比太阳温度低,因此其发射光子的平均能量下降,电池吸收较低能量的光子可以减少高能量载流子的热化损失。即使能量低于电池带隙宽度的光子不能被电池所吸收,这些低能光子可被电池全部反射回热吸收/光发射体,由此可望提高转换效率[4]。

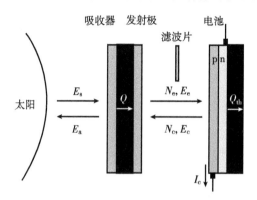

图 14.3　热光伏太阳电池的工作原理

　　从技术层面上来说,为了使发射体光谱与电池吸收有更好的能量匹配,可在二者之间加入一个适当窄通带的滤光片或光谱控制器。该滤光片的作用是它仅允许能量为 $E_g + \Delta E$ 的光子通过,而其他能量的光子全部反射,这样会使入射光谱与电池吸收光谱有着良好的匹配特性。与常规的太阳电池相比,热光伏太阳电池的主要优点是,发射体发射光子的能量略大于太阳电池的禁带宽度,可以减少和避免常规太阳电池中载流子的热化损失。未被电池吸收的光子与电池辐射复合的光子是没有损失的,它们可以被热吸收/光反射体再吸收,保持热发射体的温度,再发射到电池,从而实现光子的循环。利用细致平衡模型计算指出,热光伏太阳电池的极限效率与热载流子太阳电池几乎相同。在全聚光条件下,当发射体的工作温度为 2544K 时,电池的极限效率为 85%。在 1sun 光照条件下,发射体温度为 865K 时,电池的极限效率可达 54%。一个典型的热光伏太阳电池是 CdSb 热光伏太阳电池,该电池采用金属钨为热吸收/光发射体,工作温度为 1600~2000K,电池效率可达 19%。

14.3.2　热光伏太阳电池的 J-V 特性

　　由热光伏太阳电池接收辐射器发出的透过滤光器的辐射能量,将通过 pn 结转换为电能对外输出。其电流与外接电压满足如下关系[5]

$$J - J_L = J_0 \left[\exp\left(\frac{qV}{kT_a}\right) - 1 \right] \qquad (14.16)$$

式中,J_L 为光伏太阳电池的短路电流密度,其表达式为

$$J_L = \int_0^{\lambda_g} \frac{e_{\lambda b}}{hc} g\tau_\lambda (QE) \mathrm{d}\lambda \qquad (14.17)$$

式中,λ_g 为太阳电池光吸收的阈值波长,$e_{\lambda b}$ 为从辐射器发出光子的能量分布,τ_λ 为滤波器在不同波长内的透射率,QE 为太阳电池的内量子效率,h 为普朗克常量,J_0 为饱和电流密度和 c 为真空中的光速。而 J_0 可由下式给出

$$J_0 = (1.84 \times 10^3) T_a^3 \exp\left(\frac{-E_g}{kT_a}\right) \tag{14.18}$$

式中,E_g 为太阳电池的禁带宽度。于是,太阳电池的最大输出功率可表示为

$$P_{\max} = V_{oc} J_L \cdot FF \tag{14.19}$$

式中,V_{oc} 为开路电压,它可由下式表示

$$V_{oc} = \frac{kT_a}{q}\ln\left(\frac{J_L}{J_0} + 1\right) \tag{14.20}$$

14.4　热载流子太阳电池

14.4.1　热载流子太阳电池的工作原理

热载流子太阳电池的工作原理是指在光照射条件下,由高能量光子激发产生的热载流子在很短时间内与晶格发生相互作用,通过发射声子失去能量,后经热化弛豫回落到带边,并随之而变冷。在常规的太阳电池中,这种高能量的光生电子因不能被电极所收集,其能量被白白地浪费掉。这启示人们设想,如果在热载流子变冷之前由电极所收集,就会使它们的能量得到充分利用,从而使太阳电池获得较高的输出电压,以此大幅度提高其能量转换效率,这便是热载流子太阳电池概念(HC-SC)的由来。能否实现热载流子太阳电池,从物理层面上讲就是热载流子被电极抽取的时间应快于它的热化弛豫时间,实际上这是一个二者相互激烈竞争的物理过程。

14.4.2　热载流子的变冷收集过程

一般而言,在一个稳定的光照条件下,太阳电池中的非平衡载流子会进入一个新的稳定状态。光激发载流子将经历以下三个动态过程:一是光生载流子的热化弛豫;二是电子与空穴的辐射复合;三是光生电子的变冷收集。它们分别对应于三个时间常数,即热化弛豫时间、辐射复合时间和抽取收集时间。

以上三个时间常数之间的竞争将直接决定太阳电池的转换效率[3]。很明显,为了获得高的转换效率,应使载流子具有较长的寿命和较高的迁移率,这样可以缩短收集时间,使光生载流子在复合之前就被电极所收集。换句话说,就是要求载流子的变冷收集时间短于复合时间。除此之外,另一个竞争过程则是载流子收集时间与热化弛豫时间的竞争。只有前者小于后者,才能保证热载流子在高能态时就被直接收集,这是热载流子太阳电池的最本质物理体现,图14.4示出了热载流子

的变冷收集过程。

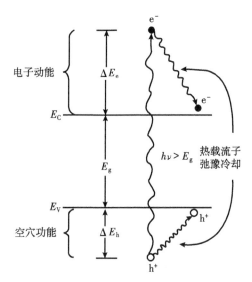

图 14.4　热载流子的变冷收集过程

14.4.3　热载流子太阳电池的结构组态

热载流子太阳电池的结构组态由能量吸收体、能量选择接触层（ESC）和金属电极三个部分组成，如图 14.5 所示。其中，E_g 和 d 分别为吸收体的禁带宽度和层厚，E_{FC} 和 E_{FV} 分别为吸收体中的电子和空穴准费米能级，E_e 和 E_h 分别为吸收体两侧 ESC 层的能级位置，V_e 和 V_h 分别为两侧金属电极的费米能级。位于中间能量吸收体的作用是吸收光子能量并产生热载流子，两侧 ESC 层的功能是将能量高于 E_e 的电子和能量低于 E_h 的空穴，因热化弛豫使它们在变冷之前，就通过该层被迅速地抽取到金属电极中去。为了能够获得较高的

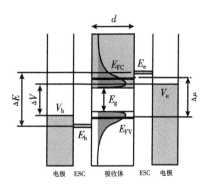

图 14.5　一个典型热载流子太阳电池的结构组态

转换效率，ESC 层应具有良好的传导特性和较薄的厚度，同时要求导带中的电子和价带中的空穴应处于一个相对稳定的平衡状态。

14.4.4　热载流子的等熵输出

涉及热载流子太阳电池工作的一个关键问题是如何实现热载流子的直接输出。具有温度为 T_H 的热载流子，如果与通常的电极发生接触，它们很快会被温度为 T_a 的电极所冷却。这说明热载流子在与电极接触的过程中有熵的产生，因而造成了能量

损失。为了防止热载流子因电极而导致的能量损失,人们希望热载流子的输出应该是一个等熵过程。为此,采用禁带宽度较小的半导体作为 ESC 层,便可以使热载流子仅在一个相对较窄的范围内输出,图 14.6 示出了一个具有等熵输出电池结构的能带图[4]。其中,ESC1 具有窄的价带,可以收集电池价带中能量为 E_h 的热空穴。而ESC2 具有窄的导带,可以收集电池导带中能量为 E_e 的热电子。与此同时,要求ESC1 价带与 ESC2 导带的能带宽度远小于热能 kT。这样,在热载流子通过 ESC 层被输出时可以基本避免能量损失,因此有较高的输出电压。

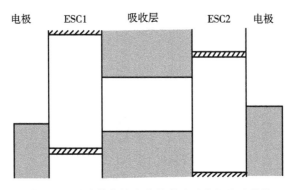

图 14.6　具有等熵输出的热载流子太阳电池结构

14.4.5　转换效率的理论计算

我们可以从粒子的守恒模型出发,理论推导热载流子太阳电池的转换效率[6]。考虑到载流子有效质量、准费米能级、光生载流子密度以及部分光生载流子热化的影响,可以给出从能量吸收体通过 ESC 层和金属电极被抽取到外电路的电流密度 J_{ext} 表达式,即

$$J_{ext} = \int_{E_g}^{\infty} [j_{abs}(E) - j_{em}(E)]dE = J_{abs} - J_{em} \tag{14.21}$$

式中,j_{abs} 为太阳电池吸收的光子流密度,j_{em} 为从吸收体发射的光生载流子密度,而且假定光子能量 $E = h\nu > E_g$。j_{abs} 可由下式表示

$$j_{abs}(E) = \frac{2\Omega_{abs}}{h^3 c^2} \frac{E^2}{\exp[E/kT_s] - 1} \tag{14.22}$$

式中,h 为普朗克常量,c 为真空中的光速,k 为玻尔兹曼常量,T_s 为黑体辐射温度(5760K),Ω_{abs} 为太阳光入射的立体角。而 $j_{em}(E)$ 可由下式给出

$$j_{em}(E) = \frac{2\Omega_{em}}{h^3 c^2} \frac{E^2}{\exp[(E_e - E_{FC})/kT_e - (E_h - E_{FV})/kT_h] - 1} \tag{14.23}$$

式中,E_e 和 E_h 可由以下二式表示

$$E_e = \frac{E_g}{2} + \frac{(E - E_g)m_h^*}{m_e^* + m_h^*} \tag{14.24}$$

$$E_{\mathrm{h}} = -\frac{E_{\mathrm{g}}}{2} - \frac{(E - E_{\mathrm{g}})m_{\mathrm{e}}^{*}}{m_{\mathrm{e}}^{*} + m_{\mathrm{h}}^{*}} \tag{14.25}$$

因此转换效率为

$$\eta = \frac{J_{\mathrm{ext}}\Delta V}{\int_{0}^{\infty} j_{\mathrm{abs}}(E)E\mathrm{d}E} \tag{14.26}$$

式中

$$\Delta V \equiv V_{\mathrm{e}} - V_{\mathrm{h}} = \Delta E - (\Delta E - \Delta\mu)T_{\mathrm{RT}}/T_{\mathrm{e}} \tag{14.27}$$

和

$$\Delta E = E_{\mathrm{e}} - E_{\mathrm{h}} \tag{14.28}$$

参 考 文 献

[1] 孟庆巨，刘海波，孟庆辉.半导体器件物理.北京:科学出版社,2005

[2] Sze S M, Ng K K. Physics of Semiconductor Devices. 3rd Edition. Hoboken, New Jersey: John Wiley & Sons, Inc. , 2007

[3] Nelson J. 太阳能电池物理.高扬,译.北京:科学出版社,2011

[4] 熊绍珍，朱美芳.太阳能电池基础与应用.北京:科学出版社,2009

[5] 陈雪，宣益民，韩玉阁.太阳能热光伏系统性能研究.中国科学(E 辑),2009,39:1026

[6] Takeda Y, Ito T, Momoyashi T, et al. Hot carrier solar cells operating under practical conditions. J. Appl. Phys. , 2009, 105:074905

主要物理符号表

a	晶格常数	I_{sc}	短路电流
A	太阳电池面积	J_L	光生电流密度
c	真空中光速	J_n	电子流密度
d	量子点直径，晶片厚度	J_p	空穴流密度
d_i	本征层厚度	J_0	饱和电流密度
D_n	电子扩散系数	J_{sc}	短路电流密度
D_p	空穴扩散系数	$\boldsymbol{k}$	波矢
E	能量	k	玻尔兹曼常量
E_a	激活能	L_B	势垒层厚度
E_C	导带底能量	L_D	德拜长度
E_F	费米能级	L_n	电子扩散长度
E_{FC}	电子准费米能级	L_p	空穴扩散长度
E_{FI}	中间带准费米能级	L_W	量子阱层厚度
E_{FV}	空穴准费米能级	m_0	电子静止质量
E_g	禁带宽度	m_e^*	电子有效质量
E_{gt}	顶电池禁带宽度	m_h^*	空穴有效质量
E_{gb}	底电池禁带宽度	m_b^*	势垒层中电子有效质量
E_i	本征能级	m_w^*	量子阱中电子有效质量
E_{IB}	中间带能级	N_A	受主杂质浓度
E_t	复合中心能级	N_D	施主杂质浓度
E_{th}	阈值能量	N_C	导带有效状态密度
E_V	价带顶能量	N_V	价带有效状态密度
ΔE	电导激活能	N_{IB}	中间带掺杂浓度
ΔE_C	导带带边失调值	n	电子浓度，折射率
ΔE_V	价带带边失调值	n_{IB}	中间带载流子浓度
$\mathcal{E}$	电场强度	n_i	本征载流子浓度

FF	填充因子	n_p	p 型半导体中的电子浓度
G_n	电子产生率	n_s	半导体折射率
G_p	空穴产生率	Δn	非平衡电子浓度
h	普朗克常量	Δp	非平衡空穴浓度
I_L	光生电流	p	空穴浓度
I_0	饱和电流	p_n	n 型半导体中的空穴浓度
P_{in}	入射光功率	μ_c	导带化学势
P_{max}	最大输出功率	μ_v	价带化学势
q	电子电荷	μ_n	电子迁移率
R_L	负载电阻	μ_p	空穴迁移率
R_s	串联电阻	x	组分数,距离
R_{sh}	分流电阻	α	吸收系数
s	表面复合速度	η	转换效率
s_n	电子表面复合速率	υ	漂移速度
s_p	空穴表面复合速率	τ_n	电子寿命
t	时间	τ_p	空穴寿命
T	绝对温度,透射率	λ	波长
T_a	太阳电池温度	υ	光子频率
T_s	太阳光温度	φ	光通量
U_n	电子复合率	φ_b	肖特基势垒高度
U_p	空穴复合率	φ_m	功函数
V	电压	ε	材料介电常数
V_{ph}	光生电流	ε_0	真空介电常数
V_{bi}	内建电压	σ	电导率
V_{oc}	开路电压	σ_n	n 型半导体电导率,电子俘获截面
W	空间电荷区厚度	σ_p	p 型半导体电导率,空穴俘获截面

索　引